60岁，
幸福才刚刚开始

［日］大塚宣夫————著　孙　超————译　姜俊超————绘

天地出版社｜TIANDI PRESS

图书在版编目（CIP）数据

60岁，幸福才刚刚开始 / (日) 大塚宣夫著；孙超
译. —— 成都：天地出版社，2024.1
　ISBN 978-7-5455-7469-2

Ⅰ.①6… Ⅱ.①大… ②孙… Ⅲ.①老年心理学
Ⅳ.①B844.4

中国版本图书馆CIP数据核字（2022）第224562号

ISHA GA OSHIERU HI-MAJIME ROUGO NO SUSUME
Copyright ©2019 by Nobuo OTSUKA
All rights reserved.
First original Japanese edition published by PHP Institute, Inc., Japan.
Simplified Chinese translation rights arranged with PHP Institute, Inc.
through Bardon Chinese Creative Agency Limited

著作权登记号　图字：21-2022-349

60SUI，XINGFU CAI GANGGANG KAISHI

60岁，幸福才刚刚开始

出品人	杨　政
作　者	[日]大塚宣夫
译　者	孙　超
绘　者	姜俊超
策划编辑	刘　可
责任编辑	孙学良
责任校对	梁续红
封面设计	扁　舟
内文排版	杨西霞
责任印制	白　雪

出版发行	天地出版社
	（成都市锦江区三色路238号　邮政编码：610023）
	（北京市方庄芳群园3区3号　邮政编码：100078）
网　址	http://www.tiandiph.com
电子邮箱	tianditg@163.com
经　销	新华文轩出版传媒股份有限公司

印　刷	文畅阁印刷有限公司
版　次	2024年1月第1版
印　次	2024年1月第1次印刷
开　本	880mm×1230mm　1/32
印　张	7.5
字　数	100千字
定　价	49.00元
书　号	ISBN 978-7-5455-7469-2

序 章

我作为一名医生，从事老年人方向的医疗工作已经 38 年了。从 1980 年开设青梅庆友医院起，到 2005 年开设读卖乐园庆友医院为止，我一共接待过一万八千多名高龄患者。在这段时间里，有八千五百多名患者在我的陪伴下走完了他们人生最后的旅程。

因为工作的原因，我有机会接触到如此多的高龄患者，而在不知不觉间，我自己也已经 76 岁了。于是，我突然意识到了一件事情：

人一旦上了年纪，凡事还是别那么较真为好。

要想在晚年的时候不要有那么多后悔的事情，最好的解决方法就是不要较真。

在我们老一辈的印象里，"不较真"这个字眼好像总会给人一种不够认真严谨，甚至与道德相违背的感觉。但其实"不较真"与"不严谨"这两个概念还是有很大区别的，"不较真"只是需要我们稍微放松自己的神经，以一个随性的心态将诸事看淡罢了。

在此，我推荐上了年纪的各位去做以下几件事：

◆ 不用每天都洗澡泡澡，3 天洗一次就足够了；

◆ 想睡就睡，想起再起；

◆ 吃自己想吃的东西比营养均衡重要多了；

◆ 你已经是个老人了，放别人鸽子完全 OK；

◆ 别惦记着攒钱留遗产给孩子，自己全花光才是真正为他们好；

◆ 看护你的人是不会给你感情的，这事儿你得指望别人。

是不是每一条看上去都有一些违背社会常识呢？

有很多人为了家庭，为了工作，不得不去做一些自己根本不想做的事情。这些人大概都会不停地告诉自己："年纪大了也不能松懈，我可一定要在自己走的时候落个好名声。"

但我们在正式阅读本书之前，能不能请大家先把所谓的常识丢掉？

上了年纪之后，身体健康固然很重要，但我们的生活质量和心态也一样重要。如果能放平心态，稍微改变自己的思考方法，对我们的健康也会有很大的帮助。这本书就是想把这样的生活态度分享给大家。

即使已经60岁了，也要坚信，幸福生活才刚刚开始。

随着年龄的增长，包括我在内的大多数人都会逐渐意识到，自己力不从心的事情开始变多了。然而如果换一个角度去考虑这个事情，也可以理解为"每个今天都是状态最好的一天"。

理论上讲，对于一个上了年纪的人来说，每一天的状态，无论是体力还是精气神，跟前一天相比的话都会有所下滑。也就是说，今天就是你剩余人生中状态最好的一天。当然，不论这天是不是真的是我们人生的顶峰，只要怀着这种想法，对自己未来人生的担忧就会少一分。

所以说呀，有什么想做的事情就赶紧趁现在去做吧。别再说什么"等到三年后"或者"下次一定"这种话，别指望着自己还能有很长时间来完成。对有一定年纪的人来说，当下就是咱们最精神的时候。

钱啊，看护啊什么的也别那么在意，与其被那些怨天尤人的担忧压垮，还不如过得轻松一些。

给周围的人添麻烦也没什么大不了，自己随性过日子也无所谓。想做的事情就去做，不喜欢的事情就不做。现在正是转换生活心态的好时机。

如果我的书能减轻您对老年生活的不安，或者能为您轻松度过老年时光提供一点帮助，那便是我的荣幸。

大塚宣夫

目录｜contents

第一章　上了年纪之后，
不想做的事情可以不做

01

想老了之后仍然充满元气，
就别活得那么较真了！

◇ 那些长寿又开心的老家伙们恰恰是那种不怎么守规矩，甚至有点"叛逆"的老小孩，他们才不会管别人怎么评价他们，也自然不会被所谓的社会常识束缚。

◇ 你只要不过分在意别人对你的看法，自然就会减少很多心理压力。

◇ 与其成天担心自己变老，心情逐渐焦虑不安，不如先别那么较真。去做一个不较真的老人吧！

好人不长命，坏人活千年

作家渡边淳一曾在自己古稀之年的宴席上，对到来的亲友们说："从今天开始，我就要认真地做一个'不良老人'了！"

我个人可真是太喜欢这一幕了。换作是我的话，周围的人大概会吐槽："你都已经是史上最不良的老人了，难道还想更上一层楼不成？"

其实就我看来，人们一生中所做的事情，起码有一半以上都还算是比较讲人情道义的。当然这主要是因为人们总是会顾虑他人的眼光，于是始终抱着"不想被人讨厌""想给人留下好的印象""不想给人添麻烦"的想法去行事。

但事实正好相反，那些长寿又开心的老家伙们恰恰是那种不怎么守规矩，甚至有点"叛逆"的老小孩，他们才不会管别人怎么评价他们，也自然不会被所谓的社会常识束缚。

奥村康先生曾在他的作品《"不良"长寿生活指南》中提到，退休时官职止于部长级别的人与取得更高级别官职的人相比较，寿命长短是有一定差别的。只做到部长级别就辞职的人，明显寿命会短一些。

一些上市公司的部长们完全就是完美主义者，他们往往在部长这种中间管理层岗位长时间任职，始终保持着神经紧绷的状态，跟自己的上司与下属两边的关系顾此失彼，都弄得很僵。既不能放开手脚想做什么就做什么，又不能肆无忌惮想讲什么就讲什么，就这样不上不下地混到退休。而退休回家之后大概有个7年或8年就郁郁而终了。

而如果只是在普通职员的位子上熬到退休，相对来说就会轻松很多。

其实我发现，社会上有很多人都是按照自己的节奏生活的，面对工作、生活、感情等都是随心所欲的，即使被别人指责也不会很在意。

在日本有这么一句俗话："好人不长命，坏人活千年。"你只要不过分在意别人对你的看法，自然就会减少很多心理压力。虽然有时也会给身边的人带来一些困扰，影响他们的生活；但说句不太负责任的话，这对自己又没什么影响，不是吗？

那么只要自己过得舒服就足够了吗？所有的人都能够轻松地做到这点吗？如果是这样的话，那些正经的家伙们会不会很困扰呢？接下来，我们会一起慢慢讨论这些问题。

不较真的老年生活是什么？

　　要想随心所欲任性地生活，还是需要打破一些心态上的壁垒的。毕竟我们一直以来都是循规蹈矩地生活着的，要是突然有个人对你说："去做个任性叛逆的'不良老人'吧！"换作是谁估计都会吓一跳。所以暂且不谈什么任性、叛逆，只是试一试放松精神，不要那么较真地去生活就好。

　　要做到这一点，你首先需要钱、健康和朋友。

　　钱是必须的，因为如果你拜托别人给自己帮忙的话，不管事情的大小，对方都付出了辛苦，相对的报酬还是必要的；虽然他们可能嘴上会嘀咕两句"真麻烦"，但重要的是该做的事情还是帮你完成了，于情于理，你都需要给予一些报酬。换句话说，这就是你付的"偷懒费"。

　　然后是健康。不必多说，想要能够随心所欲地做自己喜欢的事，前提肯定是需要自己的身体保持一定程度的健康。

　　还有就是朋友，当然如果你什么都喜欢自己做的话就另当别论。但一般来说，吃饭、喝酒、运动、旅行这类活动，如果能有志同道合的人陪着你一起去做，会比你自己一个人要开心得多。

　　与其成天担心自己变老，心情逐渐焦虑不安，不如先别那么较真。去做一个不较真的老人吧！哪怕你有时候有些蛮不讲理，哪怕偶尔被人说倚老卖老，也没什么大不了的。赶紧趁着自己身体还算健康，去追求你真正需要的东西吧！

02

与其去找寻自己想做的事情，拒绝做自己不喜欢的事情更轻松

◇ 如果自己原本就没有什么特别感兴趣的事，只是为了面子硬要强迫着自己找一个所谓的"兴趣爱好"，那种本应有的兴奋和喜悦感将会荡然无存。

◇ 与其为了寻找快乐而苦苦奔波，不如反过来思考：只要不做自己不想做的事，我们的生活就会变得轻松许多。

找不到自己想做的事情也没关系

现在市面上教人如何长寿的书籍多得都快堆成山了。对于那些人生的愿望清单很长的人来说，长寿可是他们求之不得的事情。比如，你可能会喜欢电视里的"小鲜肉"明星，然后变成他的铁杆粉丝；也可能会追求一种爱好，比如绘画、陶艺、书法等；也可能会开始入门一项运动或学问。充满好奇心和希望的人，就会想活得更久，想活得更有活力。

如果自己原本就没有什么特别感兴趣的事，只是为了面子硬要强迫着自己找一个所谓的"兴趣爱好"，那种本应有的兴奋和喜悦感将会荡然无存。

虽说咱们得给闲暇的自己找点事情做，但如果只是为了撑面子而"定义"自己，就是一件挺可悲的事情了。

对于爱好，我们一定不要本末倒置。爱好本来就是为了能够放松我们的心情，打发闲暇时间的一种活动；如果你只是为了让自己看起来很充实而强迫自己去做自己并没有那么喜欢的事情，那就单纯地变成了浪费时间。更糟糕的是，一旦你开始告诉自己："我一定要做个有爱好的'斜杠老人'才行"，这种压力反过来又会影响并缩短你的寿命。有这样的压力在，原本有兴趣的事可能也会变得没那么有吸引力了。

　　另一方面，在很多书里，你可能会看到这样的言论：只要你把想做的事情都做完了，即使是死亡也可以坦然面对了。但事情往往没有说的那么轻巧。能在去世之前完成自己所有的心愿，毫无疑问是一件无比幸福的事，可是这种事情发生的概率实在太小了，毕竟我们的心愿清单总在不停地更新。步入老年之后，什么时候离开人世都有可能，更别说有很多人甚至连自己想做什么都不清楚。

　　如此一来，不如试试先从"不做不想做的事情"开始。这种思路或许会意外地更简单呢。

"做自己想做的事"和"不做自己不想做的事"，这两者看似相似，但又有微妙的不同。每当我们面对自己想做的事情时，一堆问题就会横在我们面前：没有钱，没有时间，甚至于连自己想做的事是什么都不知道。事实上，即使我们最终做了，也有可能会给别人带来麻烦，或者结果事与愿违。

　　说到不想做的事情时，你很容易就能想到。最重要的是，不做自己不想做的事，不需要任何金钱或其他任何东西来帮助，只需要你不去做就好了。

　　因此，与其为了寻找快乐而苦苦奔波，不如反过来思考：只要不做自己不想做的事，我们的生活就会变得轻松许多。

03

不泡澡也没什么大不了的,
三天洗一次足够了

◇ 对于老人们来说, 洗澡泡澡还有一点不好, 就是容易
导致皮肤变得更加干燥。

◇ 上了年纪之后, 人不会像年轻时那样容易出汗, 自然
也不会产生那么多的油脂。

关于每天都要泡澡 ① 这件事

在医院的老年患者群体中，不喜欢泡澡的人可不少，其中男性占比更多一些。

出现这种情况主要有两个原因：第一，如果自己的行动没那么方便，泡澡的话必然需要看护的人陪同，这会让人觉得有点尴尬；第二，泡澡本身也是一件很消耗体力的事情。

其实只要试想一下，只有你一个人脱光了衣服，在别人面前一丝不挂的那种感觉，抑或是像个玩偶一样一边被别人摆弄一边被洗来洗去的感觉，你肯定不会觉得舒爽……

此外，对于老年人来说，限制他们泡澡的更大一

---

① 在日本，人们洗澡时习惯坐着洗好之后再去池子里泡一泡，所以文中统称为"泡澡"。

部分原因可能是体力,很多人泡着泡着就会开始感到疲惫。

可能你会问:那就不担心上了年纪体味变重吗?我本人可不担心,反正我也闻不到自己的味道。有的时候会听到别人说:"每天把自己收拾那么干净,是有什么重要的事情吗?"每到这种时候我自己也会思考:真的有必要每天都去泡澡吗?

不过,对于老人们来说,洗澡泡澡还有一点不好,就是容易导致皮肤更加干燥。其实,如果是洗澡、使用香皂或是使用毛巾过于频繁,都会造成一定程度的皮肤损伤。从这个角度来说,大家只需要保持最低频率的洗澡次数,保证自己没有体味就足够了。

就我自己的成长经历来说,从小到大其实并没有每天洗澡的习惯,所以即使是现在我也不是很喜欢洗澡。

尽管如此,我自己开医院那会儿其实也会跟大多数人想的一样:如果要给自己的父母找一个像样的养老院,肯定希望能是一个可以让父母在固定时间起床、保证良好的一日三餐、每天都可以洗澡泡澡,让他们可以保持干净整洁的地方。

现在想来,我也是被这个世界的常识迷惑了。

如今,当我 75 岁的时候,我发现自己的想法开始转变了。现在,我是这么认为的:泡澡真的很麻烦,根本没必要洗得那么勤,早上我想睡多久就睡多久,不想吃早饭也没关系!我只想吃自己爱吃的东西!

每天都泡澡的风险

　　事实上，泡澡的频率保持每周一回或两回就足够了。毕竟，也没听说谁不泡澡就会死掉的，但因为泡澡丢掉性命的人每年却有将近2万人。况且，上了年纪之后，人不会像年轻时那样容易出汗，自然也不会产生那么多的油脂。

　　当我们真的老到需要别人看护的时候，洗澡对自己和看护人员来说都会成为一件很困难的事。所以关于洗澡，每三天洗一次就可以了，而且如果你自己能抱着这种想法，想必对你和你的看护人员来说，都会更容易一些吧。

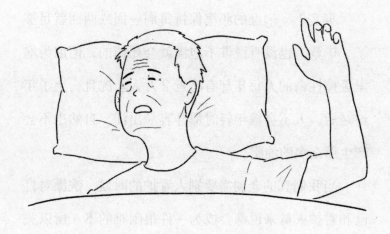

04

想睡就睡，想起再起，
有什么不对？

◇ 随着年龄的增长，我们的睡眠时间会变得越来越短。

◇ 对于老人们来说，强迫自己进行长时间的睡眠，对身体来说不但不是什么好事，反而还会有害。

◇ 不受常识的约束，按照自己的节奏睡眠，这是老年人的特权。

不要担心自己的睡眠时间

正如我在上一节提到的，人们大都希望家里上了年纪的老人们可以每天洗澡，保持干净的身体，他们会觉得这是在为老人们着想，而这一想法也成了社会的固有认知。所以，诸如"希望老人们早上能准时起床"和"老人们的睡眠质量至关重要"这样的想法，也逐渐在人们心中变得根深蒂固。

年轻的时候，大家都有过这样的担心：如果我今天晚上睡不着，那我第二天白天就会犯困，犯困了就会妨碍白天的工作，还可能会工作到一半的时候就体力不支，困倦得要命。

然而你会发现，等真正上了年纪之后，每天会多出来很多空闲的时间，这时候就没有必要每天守着时间起床了。

而且，随着我们年龄的增长，即使自己不愿意，我们起床时间也会变得越来越早。所以如果还有人担心地叮嘱你："早上不要赖床哦！"我们也不用担心，因为上了年纪后，身体自动就会早早醒过来。不过，在一天剩下的时间里也会感到非常困倦。

人们总是希望能"好好地睡个质量超高的觉"，但是随着年龄的增长，我们的睡眠时间会变得越来越短。就拿我自己来说，每晚的睡眠会变成一小段一小段的，每隔一个半小时就会醒，每天晚上为了上厕所要起身 3 或 4 次，根本不会有熟睡的感觉。但我也渐渐接受了这样的现状。

能够进行长时间的睡眠则证明身体的体力很好。对于孩子们来说，睡得越多，就越有活力。良好的睡眠让他们变得能量充沛，能精神饱满地度过一整天，这与他们的成长息息相关。

但对于老人们来说，强迫自己进行长时间的睡眠，对身体来说不但不是什么好事，反而还会有害。

如果老人们睡得太久，长时间不动的话，会导致身体逐渐变得僵硬，想活动一下就会更困难。而且长时间的睡眠也会让头脑变得不那么灵活。

我自己就曾在特别想要好好睡一觉的时候尝试过服用安眠药，但是每次都没能成功。服药的当晚确实能好好入睡，但是靠吃安眠药睡了3晚之后，白天的时候就会变得抑郁烦躁。而这时，我如果停止服用安眠药，不仅睡眠会变得很浅，而且还会伴随做噩梦，还得再花3或4天才能彻底摆脱这种副作用。

这些年来，很多我这个年纪的人跑来向我咨询睡眠不好该怎么办。其中就有超过一半的人认为：每天不睡够6或8个小时的话身体就会变差。

当我进一步向他们询问时，我发现他们来寻求医生帮助的原因，并不是因为睡不好导致身体变差，而是对睡不着觉这件事本身的焦虑逐渐变强。这与年轻人的失眠症是有很大区别的。

总的来说，相对较短的睡眠对老人们来说是完全够用的。没有必要担忧自己不能像年轻时那样每晚都睡得很香。如果你在白天的时候困了，打个盹就好。但如果过于担心自己的睡眠质量，反而对自己的健康没有好处。

　　想起床的时候就起床，想睡觉的时候就睡觉。不要在乎自己多早起床，也不要在乎自己睡多久。不受常识的约束，按照自己的节奏睡眠，这是老年人的特权。

05

上了年纪之后不要动不动
就想着"断舍离"

◇ 最好还是不要动父母家里的东西哦。即使您认为这是
为了父母着想，也不应该这样做。

◇ 随着年龄的增长，每天能做的决定的数量就会越来
越少。

◇ 上了年纪之后，时间和精力会变得尤为宝贵。既然如
此，我们为什么要把生命中剩下的宝贵时间花在"断舍
离"这种消耗脑细胞的事情上呢？

不要让孩子们插手父母的家

我的一个朋友 T 女士，有一天跟我讲了这样一件事：

"医生，有一次，时隔很久，我回了一趟乡下的父母家。当我打开家里的冰箱时，看到里面塞满了东西。仔细一瞧，发现全都是些过了保质期的食物，好像还闻到了奇怪的味道，我这才意识到其中有的东西已经腐烂了。我母亲原本是个特别爱干净的人，总是把家里打扫得一尘不染。我怎么也想不到这样的母亲能接受自己的冰箱变成那个样子。后来我发现家里的厨房和浴室也是脏兮兮的，真的把我吓到了。在回去的飞机上我还因为这个事情哭了出来。"

我吃惊地问："啊？那 T 女士你看到这些后做了什么呢？"

"当然是打扫干净了，不过是悄悄地，尽量不让母亲睡醒之后发现。我扔掉了所有过期的东西，把冰箱里面擦了个干干净净。结果到了第二天早上，母亲却非常生气，剑拔弩张地质问我为什么擅自把冰箱里的东西都扔了……"

说到这里时，T女士眼眶有点湿润。

然后我对她说："其实，你的母亲这样做也是可以理解的。不管对谁来说，如果有其他人未经允许就把自己的东西扔掉，那这个人肯定会生气的。而对父母而言，最为丢脸的事情莫过于自己的孩子随便丢掉自己的东西了。因为对他们来说，这样做就好像是在不停地提醒他们老了，觉得他们这个也做不了、那个也干不成了一样。

"其实您的母亲自己也已经隐隐约约意识到自己在一天天变老了吧，或许已经到了扔垃圾都不方便的程度了。人上了年纪，首先不得不改变的就是要从心态上接受衰老的这个事实。对您来说，您可能是因为不忍心看到父母这个样子，无法置之不理，才选择帮助他们。但对于父母而言，您不仅擅自踏入了他们的生活，而且父母们的一些不愿被看到的难堪之处还被您发现了。我猜在这种情况下他们自己多少会觉得有些难为情的吧。"

这种情况并不限于T女士。T女士是家里的长女，对照顾自己娘家的责任感自然要强一些。

"最好还是不要动父母家里的东西哦。即使您认为这是为了父母着想，也不应该这样做。而且不就是冰箱满了嘛，并不是什么大不了的事儿。

"如果'只要冻起来就不用担心坏掉'是您母亲的生活理念，那实际情况不是正符合您母亲的方式吗？此外，您刚才提到了厨房和浴室也有一点脏，但也没有到无从落脚的地步吧，有点灰尘有点污垢又不会怎么样。如果您的父母正在按照他们的方式好好生活着，就不要打扰他们了。有时候睁一只眼闭一只眼也是善良的表现。"

当我建议她这样做时，她说："可能是因为我一

直以来对母亲的印象都是非常爱干净的人，一不小心
就……"

　　能感觉得出她的母亲应该是一位对仪容很在意的
人，如此一来，T女士心中令人尊敬的母亲形象在自
己面前崩塌有多么的可怕也就不难想象了。

"断舍离"是需要动力的

现如今，一股"断舍离"的热潮正席卷全球。不管是年轻人还是老年人，感觉大家都突然开始热衷于追求"断绝留恋，轻松生活"的理念。此外，作为老年生活的一部分，上了年纪的人会觉得他们应该在去世之前尽可能地"断舍离"，尽可能地整理、减少自己的东西。

但是试想，一个半辈子没尝试过"断舍离"的人，可能会突然开始毫不犹豫地扔掉自己的东西吗？比起自己买东西或者接受别人赠送的东西，把自己的所有物卖掉、扔掉或是拒绝别人的馈赠更是要困难得多。

我自己也是对"断舍离"充满了憧憬的人之一。但假如现在环顾我的四周，会发现成堆的杂物、成堆的书、一堆束缚我的事情和更多一不小心答应下来的工作……有时候我也会幻想着把这些乱七八糟的事情都扔掉，打破枷锁，挑战一次"断舍离"的生活，这样我的生活会变得多么轻松啊！但事实上每次尝试都以失败告终。我在收拾家这件事情上一直犯拖延症，买了好多书也不看，别人送的东西我也都收着，还胡乱接一些工作，然后就到了现在这步田地。

有一天，我突然意识到："每个人都有自己擅长和不擅长的事情。而我自己，就属于不擅长'断舍离'的那一类。"每当我这样想的时候，就会感觉如释重负，没有什么比把宝贵的时间和精力花在你不擅长的事情上更可笑的了。要我说，不如优先完成自己想做的事情，如果在这之后还有余力的话，再去考虑其他事，这样精神上肯定会更轻松的。

所谓"断舍离"，就是需要去定义"要扔掉的东西"和"要放弃的事情"。

而做决定本身就是个很费脑细胞的事情。如果你已经上了年纪，体力和脑力都大不如从前，那做决定对你来说就是个很重的负担了。

每个人一天内能做决定的次数是有限的。据说苹果公司的史蒂夫·乔布斯先生之所以每天都穿黑色高领毛衣，就是因为他不想把精力花在早上起来选衣服这种事情上。

随着年龄的增长，每天能做的决定的数量就会越来越少。随着体力和精力的下降，你也不再需要把精力花在你不想做的事情上，尤其是那些你不擅长的。

上了年纪之后，时间和精力会变得尤为宝贵。既然如此，我们为什么要把生命中剩下的宝贵时间花在"断舍离"这种消耗脑细胞的事情上呢？对此我是发自内心的不理解。

不管是什么物件，人们都会对它们渐生感情，而且物件中也包含着许多回忆。即使它对别人来说没有丝毫价值，对自己来说却可能弥足珍贵。如果是想要跟这样的东西"断舍离"，一定是件难事！

而且换个角度想，一般来说，如果是扔一些跟自己没关系的东西，大部分人是没有什么心理斗争的。

那我觉得不如让别人在我离开人世后再去替我操这个心好了，这样一来，他们也不会有什么心理上的压力，也不用浪费时间纠结扔什么留什么，这貌似是一个不错的办法。

06

饮食营养均衡其实跟你能活多久基本没什么联系

◇ 人上了年纪之后，吃得开开心心才是最重要的。

◇ 一日三餐，对妻子也好，对丈夫也好，对整个家庭也好，都不应该作为一种负担而存在。

◇ 一旦过了70岁，人的食欲不仅会下降，还会逐渐变得挑食。

跟均衡饮食相比吃得开心更重要

这里我又要先讲一个小故事了。

这次是一位四十多岁的妇女 S 女士，有一天，她给我讲了这样一件事：

"我父母虽说每天晚上都在外面吃饭，但其实他们只是来来回回地去那两家他们喜欢的餐馆。去那家中国餐馆的话就点饺子和啤酒，去那家日本餐馆就点乌冬面加日本酒。就连这两家店的店员们都把他们两人每天要点的餐品记得一清二楚。这种饮食已经完全没有什么营养均衡可谈了。正是因为这个，我才对他们说：'你们像以前那样每天自己在家做点饭，吃吃蔬菜，搭配一些肉啊鱼啊的均衡饮食不好吗？'唉，妈妈以前明明那么喜欢做饭，结果现在每天下馆子吃那些不健康的。"

于是我对她说：

40

"S 夫人，您可千万不要做傻事呀。'不许挑食，不能只挑自己喜欢的东西吃！即使想吃也要忍住！'这种话是绝对不能对他们说的。更别提您还打算要让他们坚持自己做饭了。人一旦上了岁数，那些看似日常的小事可就都变成了麻烦的苦差事，所以你就不得不每天都跟他们作斗争。举个例子，他们可能会觉得，自己做完饭了还得收拾刷碗，这不就是一件麻烦事嘛。所以说像他们老两口那样每天下馆子其实也没什么问题。"

值得一提的是，我觉得现在的人对自己做饭这件事情还是有一些执念的，一提到去外面吃饭，总是会不自觉地往不好的方向去想，例如外面的饭菜不卫生、缺乏营养、不健康等等。

要是放在年轻时还在工作的那会儿，其实对于去哪儿吃饭，一周下几次馆子，每一顿吃的有多少这类问题，自己还是有一定选择的自由的。但随着年龄的增长，不仅活动范围会变小，相对的每顿饭的选项也会变少。尤其是如果你总在一个地方吃饭，难免会逐渐对这个地方的口味、菜色和烹调手法感到厌倦。这种时候，如果能好好利用出去吃饭的机会，或许就会有不错的改善。

如果选择在家里吃饭，随便做一些简单的食物也是不错的。重点是自己在家做饭没必要做得太烦琐、太丰盛，不要让做饭变成一件麻烦事。只要自己吃着不会腻，怎么样都可以。

所以说，别那么在意地点与形式，不如就照着当下的心情在自己想吃的地方吃自己想吃的东西。除此之外的一切麻烦事都不用考虑。人上了年纪之后，吃得开开心心才是最重要的。

经常吃杯面、咸菜这类食物可以吗？

　　每家的妻子有时会想出去吃饭打打牙祭。要是真让她们每天都只吃白饭配咸菜，那肯定是行不通的。不过有趣的是，丈夫们大多会很乐意出去下馆子。

　　对了！说起来有一次，我们几个老头子去参加高尔夫比赛，结束后主办方要送我们杯面大礼包作纪念品，可把我们几个人给高兴坏了。大伙儿都一脸真诚地说："嚯，那我们可得好好期待一下！这会儿光是想想就已经要流口水了呀！"

　　虽然大伙儿都知道，像杯面这种垃圾食品其实就是图个省事儿，对身体也没有什么好处，不过有的时候要真的想吃的话，也不用顾及那么多，吃就是了。

　　刚才一直提到的杯面只是想举个例子。一日三餐，对妻子也好，对丈夫也好，对整个家庭也好，都不应该作为一种负担而存在。

所以如果有家人抱怨今天的饭菜："啊，就吃这些东西吗？"其实也不用很在意。

遇到这种情况，不如互相之间放下一些顾虑，轻松过好每一天。

要吃好吃的，吃想吃的！

说到"健康饮食到底能不能有助于长寿"这个话题的时候，我总是很难赞同。虽然对年轻人或者是60多岁的人来说，注意保持健康的饮食生活会对他们今后的身体健康有帮助。但对75岁以上的人来说，我觉得就没必要再去刻意追求饮食健康了。即使我们试图通过控制饮食来降低身体的胆固醇摄入抑或是控制体重，其效果也要到五年甚至十年后才会显现。对我来说，我倒觉得成天不让我吃这个、不让我吃那个而产生的压力对我的健康更不利。

年轻的时候不好说，但是一旦过了70岁，人的食欲不仅会下降，还会逐渐变得挑食。到了那个时候，更应该注意的是每餐吃的量。年纪大的人有时候即使有食欲，也会变得吃不下多少东西，因此身体也会慢慢消瘦。

所以我认为啊，比起每天强调营养均衡，多吃点自己喜欢的食物更重要！而且现在物质生活这么丰富，好吃的东西多种多样，即使每天都吃自己喜欢的东西，也不会那么轻易就导致营养失衡的。

　　慢慢上了年纪之后，我们其实应该在饮食习惯方面给自己更多的自由。只要能在吃自己喜欢吃的东西的时候，食欲满满地吃个爽就很棒了。

　　如今的人们可以说是真的非常喜欢"营养平衡理论"了。其实，我们摄入身体的食物不是用一天的时间就能够消化代谢完的，最短也要按周来算。所以说，理论上我们不应该从一日三餐，抑或以天为单位考虑营养均衡的问题，应以月为单位，只要摄入的各种营养能满足我们身体的需求，这就足够了。

　　此外，不论对食物做多么精密的营养计算，要是年纪大了吃不下的话，这些都没有什么意义。所以说，我们需要做的第一件事应该是找到自己觉得好吃的、自己想吃的东西。

从这个角度来看，如果盲目听从电视上专家推荐的那些所谓对健康有好处的食谱，强迫自己吃不喜欢的东西，简直是对自己的不负责任。

以沙拉为例，日本人其实从来都没有吃生蔬菜的习惯，大家更习惯的方式是把蔬菜煮熟或者做成汤来吃。

即使是在养老院，要求给老人们提供生蔬菜也就是沙拉的家庭也不在少数。然而，老年人们普遍是不习惯生吃蔬菜的，尤其是那些以叶子为主的蔬菜。我猜这是因为大家在小的时候大多没有这种饮食习惯，当然也可能是单纯觉得这些绿叶子不好吃。

对于我们每个人，尤其是那些上年纪的人来说，身体健康更大程度地意味着能开心地享用自己喜欢吃的东西，而不是用"吃这个对你的身体有好处，那个对你的身体没好处"这种尺度来约束和衡量。

07

认真规划生活的家人
和随心所欲生活的老人

◇ 对于老人来说，有美味的食物，可以悠闲地享受每一天，还能时刻感受到自己是被在乎被照顾的。这样的安心才最重要。

◇ 慢慢上了年纪之后，在很多生活细节上，比如在洗澡、吃饭、维持健康这些方面，子女和自己的看法就会产生分歧。

◇ 所以让父母和子女双方都能认识到彼此追求的生活节奏的不同，是一件很重要的事情。

过了 70 岁才明白的事

我 30 多岁那会儿，就下定决心要建一座我自己理想中的老年人医院了。

当时那个年代的老年人医院，其实大多是一个只铺了榻榻米的房间，臭气熏天，一片死寂。在那里住的老人基本都会在三个月内去世，这哪里是养老的地方啊，简直就像是任由老年人自生自灭的垃圾场。

这样的现实给当年的我带来了巨大的冲击，所以我才以此为契机，决心建立自己理想中的老年人医院。那时候的想法也很简单，就是希望自己的父母能在上了年纪之后，起码能住在一个足够令我放心的养老院里。

从那时起，我就在思考怎样建立一个"完美的养老院"。即使人生的旅程即将走到终点，那也是我们生命中重要的一部分。

我一直相信，对老人们来说，好的医疗不如好的看护，好的看护不如舒适的生活环境。不管是住院的老人还是其家人们，他们希望的都是能找到一个让家里的老人安稳走完生命中最后一段路的地方吧。所以要营造一个能让老人们舒心生活的环境。在那里，有美味的食物，可以悠闲地享受每一天，还能时刻感受到自己是被在乎被照顾的。这样的安心才最重要。

　　这么一想，一个干净、舒适的生活环境应该是最基本的。

　　而且，站在子女们的角度去想，肯定希望自己的父母每天早上能够按时起床，换好干净的衣服，按时吃饭，规律地过好每一天。如果能晚上洗个澡，再稍微做点运动那就更好了。这些其实都是再正常不过的要求，毕竟当时我自己就是以这个为出发点创建了这家养老院。

　　然而，随着我自己慢慢步入老年，并且开始朝着

"一个佛系老头儿"的方向努力之后，我才明白了从前的那些想法好像更多的是家里的人让我这样去想的。

有时候我会有这样的期盼：我希望我的早晨是可以想睡到几点就睡到几点，也不会有人打扰的；即使我醒了，有时候不饿或者没胃口的时候，也可以不吃早饭；即使有人嘱咐我让我好好控制一日三餐的营养搭配，我也只想吃自己喜欢的，吃到自己开心为止；有时候就是会想吃点油腻的、味儿重的；吃完了也不想运动、不想散步……

其实，我也想不明白，每天都过那么千篇一律的"健康生活"有什么乐趣？

大家有没有像我这样幻想过呢？

顺便说一下，我习惯在自己的办公桌里备一些甜食。比如现在放着的是和三盆①。和三盆这种糖啊，会在嘴里慢慢地融化，我每次吃的时候都会被满满的幸福感淹没。虽然也总有人告诉我不能多吃，不然血糖会飙升。但我想，升就升吧，只要吃着开心就好了。

这种发自内心而感到幸福的瞬间，随着年龄的增长，对我们来说会变得越来越重要。至于飙升的血糖，就放心地交给医生和药物吧。毕竟，医院不就是为了这个存在的吗？希望大家也能放下心中各种各样的顾虑，尽情地去享受这种幸福的瞬间。

---

① 和三盆：一种砂糖，色泽淡黄而颗粒匀细。原产于日本香川县和德岛县等地。"三盆"之名来自其制作工艺，需要在盘上研磨砂糖三次。

当你和家人的想法产生分歧

慢慢上了年纪之后，在很多生活细节上，比如在洗澡、吃饭、维持健康这些方面，子女和自己的看法就会产生分歧。所以让双方都能认识到彼此追求的生活节奏的不同，是一件很重要的事情。

就拿伴手礼这件事来说吧。

在医院里，每天都会有来看望老人的家属。他们有的会选择在医院的院子里散步，有的会选择在小茶馆喝茶聊天，每个人都有自己放松的方式，每个人都能随心所欲地享受着在这里的每一天。

然而，有时也会出现家人来探望老人之后，家庭关系反而变差的例子。稍微了解一下情况就知道，往往是子女们带了老人不想吃的东西，老人没办法便只能吃下。

家人来探病时，一般都会带来自己记忆中老人喜欢吃的饭菜或者点心。小孩子们嘴里会开心地说着：

"爷爷，你很喜欢吃这个的吧。"然而有时却会事与愿违，因为爷爷以前喜欢吃的东西现在不一定会喜欢，换句话说，爷爷现在可能并不想吃它。

人在上了年纪后，喜好和口味上的变化可能比你想象的要大，再加上饭量也会变小，即使是喜欢吃的东西可能现在也吃不下多少。

而家人们想的是：我好不容易做了好吃的带过来看望你，就是想看看你高兴的样子，结果你还把食物剩下了，这多浪费呀。所以就会一边劝老人多吃一些，一边问着："怎么样？好吃吗？"于是相对地，老人就只能一边回答着"嗯嗯，好吃"，一边继续吃自己不想吃的东西。而这一系列让人难以拒绝的连锁反应的结果就是，有些患者当晚就全吐了。看望老人带的礼物，其实是代表了家人的一番心意，而老人们自然也希望自己能够回应家人的这番好意。这就是所谓的人情事理。

这种情况并不仅限于伴手礼，只要涉及到正常的人际交往都会出现。所以不得不说，这确实是一件麻烦事。所以我想劝各位，如果您的家人或者朋友是上了年纪需要照顾的老人，请您自己先回想一下，您有没有在凭着自我的感觉，推销着所谓的善意呢。我认为这一点是我们应该最先考虑的。

第二章 夫妇间也请保持一定的距离感

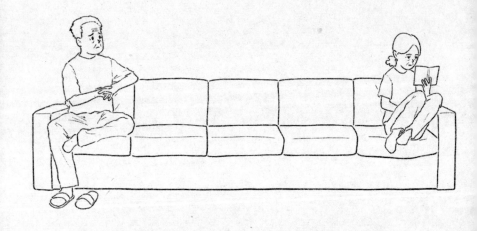

01

丈夫退休之后，能健健康康地
在家陪着妻子就好

◇ 即使退休了也尽量像往常一样多出去走走，起码不能
懒到连出去吃个午饭都做不到的程度吧。

◇ 上了年纪的夫妇更应该保持适当的距离感。不要刻意
地突然跟对方走得太近，这可是晚年幸福婚姻的秘诀。

生活瞬间改变时的压力

结婚前的小两口之间多少都存在一些不稳定的因素，因此就会带来一些相应的紧张感。这也是为什么两人有时会意见不合，会生气上火，甚至会吵架。然而，当两人身份转变为夫妇之后，随着生活在一起的时间慢慢变长，两人逐渐磨合，之前的紧张感也会因为对彼此性格习惯的了解而逐渐消失。不过另一方面，两人也难免会逐渐失去对彼此的期待和幻想，从而减少对对方的关注程度。

类似这种身份转变的事情发生时，两人的生活节奏也会突然发生改变。举一个很常见的例子：丈夫退休的时候。以前每天只念叨着工作，天天在外面忙得不回家的丈夫，在退休之后，突然开始不用工作了，便开始整天宅在家什么也不干了。

我们这一代的很多人，年轻的时候不仅工作日要忙，就连休息日也都被一些推脱不掉的活动安排得满满的，并没有什么时间能留给家庭。因此，大部分男人在年轻那会儿都是会对妻子和家庭抱有内疚和歉意的。所以一旦有什么机会能在一起，能陪陪家人的话，大家都会很珍惜这样的时光，这种模式逐渐形成了我们这代人年轻时建立家庭关系的一种模式。

妻子们的期望也会跟着变化：只要丈夫能健健康康地在家陪着自己就好了。毕竟，由于平时没办法时刻相见，终于能长时间在一起的时候，那份新鲜感会变得格外让人期待。

不过话说回来，不妨瞧瞧丈夫们真的退休之后每天都在家干些什么。

妻子是不是会觉得自己这么多年的生活节奏又被打乱了呢？

事实上，由于丈夫退休后整天宅在家里，妻子突然身体变差的病例不在少数。这就是所谓的"夫源病"。

虽说这不是一种严格意义上的医学病症，但它确实是因为丈夫每天宅在家，妻子生活节奏被打乱，由此产生的压力引起的。

这往往是因为男性们对自己的认知有很大程度上的偏差。

首先，男性们往往会觉得：我这一退休，妻子终于有机会跟我待在一起了，她心里一定很高兴吧，稍微一起干点什么她肯定会更开心。其次，男性们也会想：我为家庭努力工作，努力奉献了这么多年，妻子一定很感激我吧。

然而这些不过都是幻想啊。如果真的从妻子的角度看，一个退休在家宅着的丈夫简直就是个天天来蹭饭的糟老头子（当然也有例外）。

所以说成家的男人同胞们，别再有那种"我是一家之主，妻子理应伺候着我"的想法了！即使退休了也尽量像往常一样多出去走走，起码不能懒到连出去吃个午饭都做不到的程度吧。

当然我也劝妻子们能像之前一样跟丈夫保持一定的距离。毕竟丈夫退休之后，你们在彼此身上花的时间也不一定会变长，你们之间的聊天也不一定会增多，年轻时的那些对未来夫妻生活的想象其实很多都是幻想。所以，上了年纪的夫妇更应该保持适当的距离感。不要刻意地突然跟对方走得太近，这可是晚年幸福婚姻的秘诀。

02

夫妻二人的旅行
不去也罢

◇ 对于一起生活了几十年却没有多少接触时间的夫妇来说，突然请他们来一场双人旅行，带给他们的只能是害怕。

◇ 不管怎么说，老夫老妻的旅行一定要仔细考虑再做决定。千万别强迫自己出门旅游就是了。

老年人夫妻游要格外注意

在我认识的熟人里，有一位非常孝顺父母的女性朋友。

她告诉我说："我父亲还没退休之前，只要闲下来有时间就会跟母亲两人开开心心地去打高尔夫。但是父亲退休之后，别说高尔夫了，两人一起出去的次数都变得很少了，这可把我担心坏了。父亲工作那会儿，由于平时比较忙，就连休息日也几乎回不了家，因此在我印象里，他跟母亲两人一次都没出去旅行过。所以我就计划着给父母安排一次双人旅行作为礼物。比如温泉旅行、豪华游轮这样的。正好这样的旅行也不需要走很多路。"

我不禁在心中大喊："停！你这完全是多管闲事！"

世界上夫妻的相处模式肯定是各种各样的，其中肯定不乏无论到了什么年纪，也彼此之间有话聊的关系非常好的夫妻。如果你的父母之前有提过他们非常想来一场游轮旅行，那这个礼物确实很孝顺。

但是，对于像她的父母这样，一起生活了几十年却没有多少接触时间的夫妇来说，突然请他们来一场双人旅行，带给他们的只能是害怕，更别提游轮这种场所，连个逃脱的空间都不存在。

前段时间，我的一个朋友对我说，他在一本书里面读到，如果夫妻的组合是 A 型血的完美主义型妻子，加上 B 型血的我行我素型丈夫。那么 A 型血的妻子有很大的概率会在丈夫退休后考虑跟丈夫离婚，而 B 型血的丈夫甚至完全不会在这之前有所察觉。虽然我本人完全不相信这种所谓的血型决定性格的说法，但心里还是不禁捏了把冷汗（因为我妻子就是 A 型血，而我正好是 B 型）。

不过话说回来，丈夫和妻子本来就会在想法和期望上存在着很大的差距。而能让这种根本矛盾不至于那么明显的一个重要原因，就是丈夫工作，妻子在家的这种模式，因为在这种模式下，两人的接触时间并不会有很多。

这就是我刚才说游轮旅行是个危险选项的原因。在游轮上，两人的接触时间肯定会比日常生活多出来更多，万一气氛突然变得尴尬起来，也不可能下船，连个自己冷静的地方都没有。如果真的换作是我的话，肯定会生拉硬拽地叫上朋友一家子陪我们一起去的。

然而，不难想象的是，女士们应该会非常享受这样的旅行。船上的夫人们总是能在你还没注意到的时候就已经成为朋友打成一片，连续几天在船上一起享受美好假期。而这时如果再回头看看丈夫们，这些可怜的男人们个个愁眉苦脸的，每天的活动顶多就是呆呆地望望海面或者干脆躲在房间里不出来。

不管怎么说，老夫老妻的旅行一定要仔细考虑再做决定。千万别强迫自己出门旅游就是了。

03

男人们为什么都是工作狂？

◇ 很多男性在永远地离开工作岗位的那一刻开始，就会
变得萎靡不振。失去工作的同时，随之消失的也包括他
们的社会地位、头衔和名望，而这也往往是男性们最为
看重的部分。

◇ 男性是极其政治化的动物，"被需要"和"肩负责任"
对于他们来说十分重要。

只要能派上用场就会觉得安心

虽然我们已经聊了不少退休后的男人们存在的问题，也已经谈论过男人们在退休后有多糟糕，但事实上，很多男性在永远地离开工作岗位的那一刻开始，就会变得萎靡不振。失去工作的同时，随之消失的也包括他们的社会地位、头衔和名望，而这也往往是男性们最为看重的部分。

男性们总会忍不住去幻想："我要是不在了的话，公司肯定就要运转不下去了！我的存在对整个社会而言肯定是不可缺少的！"而社会上评价一个人存在价值的最直接证明就是收入的多少，所以男人们习惯性地视收入为一切。

然而事实并非如此，所以当他们意识到自己虽然退休了，但整个社会却好像什么都没发生一样照常运转，太阳照常升起，什么变化都没发生，消失的仿佛只是自己的社会角色和收入，自然会像中了当头一棒一样震惊。

顺便一提，站在养老院的角度来说的话，接待高龄男性往往比高龄女性更困难。首先跟女性相比，男性的身体更大更沉，看护工作有什么疏忽的地方，立刻就会招来大声的呵斥，有些人甚至在入院一两个月后，也做不到跟同房间的病人和睦相处。这种只能自己住单间的男性病人往往要由工作人员来负责照顾，每天要费不少的工夫才行。与之相比，女性病人们身材较小，体重又轻，而且她们会在眨眼间就和周围的人成为好朋友，每天聊个不停。

惹事的往往也是男性患者，要不就是嫌旁边的人打鼾声音太大，要不就是抱怨其他人把东西放在了自己的区域，仿佛每天都在上演病房版领土斗争。

我们也会时不时在医院里举行一些活动，比如生日聚会或者俳句①交流这样的。但医院的男患者们可能是由于自尊心强烈的缘故，很少会来参加。

然而，有一个好办法能把这些喜欢宅着的男同胞们的活动热情重新勾起来。那就是，把聚会伪装成会议的样子，然后再去邀请他们。

比如一边告诉大家："我们预定于××日举行会议，请各位务必参加。"一边制作一些跟他们原来身份沾边的名片，比如"原董事长""原审计员"等，分发给大家。

如此一来，他们指定会立马西装革履地跑来参加"会议"的。平时的那股闷闷不乐的样子也不见了，取而代之的是积极地在"会议"上交换着名片，一片和气地聊着天。甚至还会有人主动问："今天的议程是什么啊？"如此一来，等到结束的时候，主持人如果再请他们来做闭会演讲，平时不怎么说话的人，这

_____

① 俳句：一种日式古典短诗，通常是5-7-5的结构。

时候也会上来即兴发挥一下，当然也会出现一些长篇大论的人。

对此我也觉得很震惊。

大概因为男性是极其政治化的动物吧。作为他们的习性之一，当一个成年男子在日常生活中遇到另一名不认识的男性时，首先试探的会是对方的性格，下一步肯定是拿对方跟自己作比较，看是比自己强还是不如自己。然后会悄悄思考衡量是否能够利用自己的影响力控制对方，坐在眼前的这个人是否会威胁到自己的生存。一旦这些问题都试探清楚，分清了对方是敌是友，确定了与对方的上下关系之后，才会开始对话。

所以说，名片这个东西真的很重要！

同时，我也再次切实感受到了被需要和肩负责任的重要性。男性就是会非常重视所谓的事业、名分、角色这些东西。所以希望女性的读者们，最好能够记住这一点哦。

04

致所有的丈夫：
妻子们早就受够跟你待在一起了

◇ 男性和女性是有完全不同的习惯和思考方式的。

◇ 假设有一对年迈的夫妇同时入住养老院，男性会理所应当地希望和妻子安排在同一个房间。

◇ 然而，大多数女性入住者却会希望给他们安排各自的房间。

男性和女性的思维模式是有很大差异的

　　前文中，我们已经讨论了男人这种生物喜欢互相评价的习性。之前我还想过，是不是等上了年纪他们就慢慢不这样了，结果是：完全不会！即使在他们来我这入院之后，也会在无声中进行领土争夺战。另一方面，女性们却真的很享受这里的生活，眨眼间就能聚在一起开心地聊天。这大概也是女性这种生物的习性吧。可见男性和女性是有完全不同的习惯和思考方式的。

　　举个例子，假设有一对年迈的夫妇同时入住养老院，男性会理所应当地希望和妻子安排在同一个房间。毫无疑问，他是把这里看作平日家中生活的一种延伸。

　　然而，大多数女性入住者却会希望给他们安排各自的房间。她们会想：好不容易不用再伺候一个衣来伸手饭来张口的人了，为什么来了养老院还要跟丈夫在一个房间？那样的话不就又变成了被人使唤来使唤去的模式了吗？我可绝对不要过这样的生活！其中，一些女性不仅会要求换房间，还会要求换楼层、换院楼，极端的情况下，甚至要求医院按她们的意愿来运行。男性同胞们啊，这可不是危言耸听，都是真正发生过的事哦。

我还听到过一些这样的故事，说的是妻子或者丈夫某一方刚进入养老院的时候的事情。

当妻子住进了养老院，留在家中的丈夫为了每天都能探望妻子，就会去离家最近的电车站买一张到养老院的定期乘坐券。而如果是丈夫先住进了养老院，妻子则会去买一张从家到百货商场的定期乘坐券。所以说比起探望丈夫，还是逛街的吸引力更大一些呢。

故事听起来很有趣，却也是真实发生过的事情。

所以我想对所有的丈夫们说：为了以后住进养老院的时候可以跟妻子住一个房间，或者为了能在自己先一步住进来的时候妻子能来探望你们而不是选择去逛街，大家可要每天脚踏实地努力做个好丈夫啊！

05

致所有的妻子：
请把丈夫当作雇来的管家

◇ 建议妻子可以把丈夫当作雇来的管家，跟他构建一个所谓的雇佣关系。

◇ 就像对刚入职的新员工一样对待丈夫。先表扬一下他们的工作热情，教给他们一些基本的工作，然后就请放手让他们做吧。

◇ 等丈夫能承担更多的家务之后，可以给他们相应的"升职加薪"，并且，别忘了好好说声谢谢。

营造双赢的关系

先前我们提到了事业和名分对男性而言的重要程度，而这两样东西对他们来说，不管是在社会上还是在家都是不可缺少的。

而对退休后的男性们来说，另一个很受冲击的事情，就是在家中地位和待遇的变化。刚退休时对自己还那么温柔的妻子，却会在半年后很不耐烦地对自己说出"别老在家里待着，出去走走"这样的话。

我在这里就教大家一个对两方都有好处的解决方案吧。

我建议妻子可以把丈夫当作雇来的管家，跟他构建一个所谓的雇佣关系。男人们就是喜欢定性的关系和明确的角色，并在此基础上制订量化的评价方法。所以大家要好好利用他们的这种特性。

然而，突然开始要求他们负责一日三餐并承包所有的家务，多少有点强人所难。所以不如让他们从简单的家务开始做起，比如倒垃圾、洗衣服、刷碗什么的。如果有什么东西要送去修理或者预约个服务这样的事情，也可以交给丈夫们去做。

总之，把你的丈夫当作家里的管家，有什么要求尽管提，只要支付给他相应的报酬就行，哪怕只是些零花钱。

刚开始的时候，男人们可能会由于自尊心作祟，导致计划进行得不尽人意，但这个时候就要换个角度思考这件事了：男同胞们，既能在家打工赚个零花钱，又能让妻子开心，这世上可没有比这更好的差事了吧。

刚开始的时候要有耐心

对于女性们来说，刚开始的时候肯定是看着丈夫干活就着急上火，心想着为什么这么简单的家务能花那么久的时间？为什么总是掌握不到要领？与其在这帮倒忙还不如自己来做算了。但是我劝大家还是要再忍一忍，多给丈夫们一点耐心。

没错，就像对刚入职的新员工一样对待丈夫。先表扬一下他们的工作热情，教给他们一些基本的工作，然后就请放手让他们做吧。即使是没做好或者失败了，在一开始的时候也请网开一面，如果他们做得很棒就不要吝啬，要好好夸夸他们。

男性们就是这样，一旦觉得自己能派上用场了，就会很拼命地干活。他们会把做家务当作是很有创意的一项工作而努力。既然拿了相应的报酬的，就要好好地对自己的工作负起责任来。

进展顺利的话，等丈夫能承担更多的家务之后，可以给他们相应的"升职加薪"，并且，别忘了好好说声谢谢。也可以试试时不时地把家务全盘交代给他，自己则出门跟闺蜜旅个游什么的。升职成管家的丈夫这时候肯定会对自己的"工作"更加上心的。

　　正如之前多次提到的，男性们会因为社会角色和收入的消失而变得低迷。特别是如果碰巧这人是个工作狂的话，退休以后，这种症状会更加严重。所以如果能给他们明确的工作，并对其给出相应的评价和奖励，男性们就会比你想象的还要认真对待自己的新工作。

　　"您要来我家里做管家吗？"

　　假如能给他跟从前一样的工资，对男性们来说，不仅又拥有了事业名分，做好了还会得到夸奖，简直就是转生了一样的体验。太不可思议了。

第三章 不关注健康问题 也可以长寿

01

悲报：老年退休生活要到 75 岁才会开始而不是 60 岁

◇ 体力、精力的衰弱，记忆力的下降，我们终将不得不去接受这些残酷的现实，这就是我们所谓的"变老"。

◇ 在如今的社会，把 75 岁之后定义为老年应该比较合适。

变老究竟是怎么一回事

作为成年人，大家都经历过童年时代，每个人对童年时的烦恼都有自己的看法。但是对于变老这件事就不同了，这是一个作为成年人的我们都没有经历过的阶段，因此只能凭着各自的想象发表意见。

只要是之前有过经验的事情，我们做起来就会有相应的准备。比如上楼梯下楼梯不被台阶绊倒，或者是骑自行车这种事。

但有一天，我们会突然发现自己不管怎么努力，也不能像以前那样两手提着东西飞快地上楼。走几步路就开始喘不上气，腿也开始不听使唤。没办法，只能先把手里的东西都放下，一趟一趟地慢慢搬回家里。

这种事简直太恐怖了……

很多从前理所当然可以完成的事情可能会突然就做不到了，就比如有一天我们发现自己连塑料瓶的盖子都没法打开了。

大家都知道，随着人们慢慢老去，肌肉也会逐渐变得衰弱。道理人人都懂，但等到亲身经历的时候，还是会惊讶于自己甚至连端着一个不怎么沉的东西上楼都做不到了。

了解变老过程的知识和亲身体验到衰老的出现是有很大区别的。由于我们对于这件事没有任何经验，所以当意识到自己上了年纪的那一天，往往还是会让我们感到惊讶。

老年痴呆症也是同样的道理。我们都不难想象，自己上了年纪之后可能会变得记不住事情，但那也只是想象，我们谁也没有实际经历过。你有试想过，当你不能一下说出今天的日期或者别人的名字时，会造成什么样的尴尬吗？周围的人又会作何反应？自己又会是什么样的心情呢？

老年痴呆症这种病的初期，也是患病者最难熬的时期。平时早已习惯的事情突然变得力不从心，自己也会开始责备自己的健忘。一旦开始想象之后自己会变成什么样子，就会被恐怖和不安包围，渐渐对自己失去信心。

体力、精力的衰弱，记忆力的下降，我们终将不得不去接受这些残酷的现实，这就是我们所谓的"变老"。

从什么时候才算真的"老了"?

在过去,我们都说,人过了花甲之年就算是老人了,但放在现在这个社会来看,未免也有些早了。现在 60 岁左右的人大都还精神得很。

所以我在这里要把 65 岁以后的岁月分成三个阶段来聊一聊。

第一个阶段是 65 岁到 75 岁左右的这十年。现在已经不能称之为老年时期了。这十年间,你会迎来退休,陪伴自己多年的工作也终于告一段落,孩子们也已经完全离开了你。你虽然逐渐意识到自己的体力开始下降,但也同时拥有了很多属于自己的时间。在这个时期,如果开始注意改善自己的健康和体能,也还不算晚。我觉得这可以算得上是真正的老年期到来之前的一个需要我们认认真真做准备的时期。

第二阶段是 75 岁之后大约 10 年的时间（对男性来说大概是从 72—80 岁，比女性要早个 3—5 年）。在这个阶段，身体的各方面能力都有所下降，不仅身体的变化巨大，体能也快速下降。虽说不要勉强自己，但还是要尽量保持头脑清醒和一定程度的身体运动。

这个时期对一些人来说，生活上会开始出现一些困难。老年痴呆和与之相应而生的看护问题也开始需要列入考虑清单了。而这也正是我此时的处境。

第三阶段可以说是人生的最后一个篇章了。如果要说对应的年龄，大概是在 80 岁之后的阶段吧（这里男性们对应的年龄也要减去 3—4 年）。不管是对自己而言还是对家人而言，都是时候开始考虑该如何让自己走完人生最后这段时光了。

如此说来，在如今的社会，把 75 岁之后定义为老年应该比较合适吧。

02

你的真实年龄是你现在年龄的 80%

◇ 从精气神儿和身体机能的角度看，人们变老的速度正在放缓，与 30 年前相比，人们的生理年龄都平均年轻了 10 到 15 岁。

◇ 要记住，你的真实年龄应该是现在的年龄乘以 0.8 左右。

以前 60 岁就可以被叫作老爷爷了！

　　说到"老年人"这个概念，以前给人的感觉和现在的真是完全不同呢。在我小的时候，有一首童谣是这样唱的：

　　"村头摆渡人啊，今年60多呀。别看爷爷年纪大，摆起船来真有劲。"

　　但正如歌词所说，当时的人们认为60岁就差不多可以被叫作老爷爷了。

　　然而现在，65岁的男性平均还能再活19年，而女性更是平均长达24年。从精气神儿和身体机能的角度看，人们变老的速度正在放缓。换句话说，与30年前相比，人们的生理年龄都平均年轻了10到15岁。

　　而事实也是如此，现如今，人们即使到了65岁还都是精神得很。不论是体力上还是精力上都很难跟

"老人"二字联系在一起。现在的人65岁时的状态，给人的感觉就像是从前50岁出头的人一样。

因此我觉得，我们的真实年龄应该是现在的年龄乘以0.8左右。拿我来举例，我今年已经76岁了，那么就要用76乘上0.8，也就是60.8岁。嗯，是的，我现在的状态应该是这个年纪的才对！

对我来说，如果能把自己想象成刚到60岁的人，心情肯定会舒坦不少。而且，虽然过了75岁之后我也明显感觉自己已经变老，但换种思考方式，告诉自己还是60岁的话，我觉得自己一下子就来精神了，没准还能再加把劲呢。

刚才提出的这种"八折年龄"论，跟实际测得的体能数据其实是一致的。现如今人们74岁到79岁的体力，放在20年前，跟那时60岁到64岁左右的人差不多。也就是说，人们的真实年龄在过去的10年中年轻了5岁，而在过去的20年中年轻了10岁左右。

如果这么想的话，你有没有突然觉得自己还年轻得很呢？

　　其实对于"八折年龄"论这个说法，是否真正科学严谨并不重要，最重要的是要给自己内心埋入这种想法。

　　正如我在前文讨论的，虽然让自己真正接受自己已步入老年阶段是件很重要的事，但也不能倚老卖老，用"我年纪大了"来给自己找借口。

　　要记住，你真正的年龄应该是乘以 0.8 之后的那个数字才对。

03

75 岁之后健身就没什么必要了

◇ 上了年纪之后，即使进行力量训练，也不是为了"强化"你的肌肉，更多的则是将其作为延缓肌肉流失的一种手段。

◇ 75 岁以后的人就别惦记着要开始强身健体了，再怎么努力锻炼，顶多也就是维持住当前的身体机能或者减缓体能下降的速度。如果你想通过锻炼身体提高身体素质，那建议还是尽量在 70 岁之前抓紧努努力吧。

◇ 对高龄者来说，如果一天不运动的话，肌肉力量就会下降 6%—8%。即使只是睡觉也会加速身体的衰老，大脑机能也更容易在睡眠的促进下加速恶化，不运动引发的意识障碍和老年痴呆症可并不少见。

◇ 拉伸不仅能让僵硬的关节重新活动起来，也会让我们在日常的活动中感到轻松很多。

锻炼会给身体带来什么好处？

虽说与从前相比，人们的平均寿命有所延长，但人身体的"保质期"也就差不多70年左右。之后的岁月就会变得像在开一辆破旧的二手车一样。而开一辆破旧二手车时，我们需要注意的大致有两个方面：一个是负担不能太重，不然会让车子直接坏掉再也发动不起来；另一个则是不能一直放着不开，如果把车子闲置太久，那它最后也会因为生锈而发动不了。

如果过了75岁你才突然想开始健身，那么我非常遗憾地告诉你，这基本是不会有什么效果的。要是在年轻的时候你就时常锻炼，那肌肉确实会随着训练一点点积累，但随着年纪的增加，男性体内荷尔蒙和生长激素的分泌都会下降，锻炼带来的效果自然也很难体现出来。

上了年纪之后，即使进行力量训练，也不是为了

"强化"你的肌肉，更多的则是将其作为延缓肌肉流失的一种手段。

所以 75 岁以后的人，就别惦记着要开始强身健体了，再怎么努力锻炼，顶多也就是维持住当前的身体机能或者减缓体能下降的速度。也就是说，即使你做出努力，你也只能维持你目前的体能水平或让你的体能下降慢一些。所以，如果你想通过锻炼提高身体素质，那建议还是尽量在 70 岁之前抓紧努努力吧。

但是话说回来，如果总不使用肌肉的话，那毫无疑问，身体的力量会很快流失。慢慢地，关节会变得僵硬，行动也会变得不方便起来，你甚至会发现身体有时候都不怎么听自己使唤了。

所以我们才总说，这个年纪的恐怖之处就在于生怕受个什么伤或者病倒在了床上。因为一旦发生了这样的事，那么接下来要面对的一定是长时间的静养，静养期间，我们的身体机能会逮住机会急剧下降。对高龄者来说，如果一天不运动的话，肌肉力量就会下降 6%—8%。也就是说，如果我们静养个一周，那么身体的力量则会骤降 3—4 成。

对高龄者来说，即使只是睡觉也会加速身体的衰老。并且这还没完，大脑机能也更容易在睡眠的促进下加速恶化，不运动引发的意识障碍和老年痴呆症可并不少见。

如果您超过了 75 岁，请一定要对自己的身体多上心，任何剧烈的运动都有可能把身子搞垮。当然也不能完全不锻炼身体，每天只要做适量的运动，坚持下去就好。毕竟不管做什么事，适度和坚持往往是最重要的。

练肌肉不如做拉伸?

这句话对于高龄者们来说我觉得是有道理的。

我自己大概从三年前开始坚持做拉伸运动，每周一次，一次大概一小时。其实我也考虑过试一试练肌肉，但想起我年轻的时候做的力量训练收效甚微，于是我天真地决定，那还不如选相对来说轻松得多的拉伸呢。结果没想到这个也很难！

平衡球和拉伸杆对年轻人来说可能并没什么大不了，但对我这个年纪的老头子，那可真的算是个相当大的挑战了。每次训练结束之后我都筋疲力尽，什么事情都不想再去做了，只剩力气幻想，要是没有这一个小时的折磨，我的人生该会变得多么快乐。

但是第二天中午过了之后就会感觉整个身体逐渐恢复活力，精气神儿也会比前一天好很多。

这样的训练虽然不足以促进肌肉的增长，但肯定有助于放松身体中那些僵硬的地方。拉伸不仅能让僵硬的关节重新活动起来，也会让我们在日常的活动中感到轻松很多。随着我的身体变得柔软，关节得到舒展，我真的感觉自己的日常生活都因此变得更加轻松了。

因此，根据我的亲身经验，我觉得拉伸运动是非常有效果的。虽然自己一个人做也没问题，但我还是建议定期咨询一下专业健身人士的建议，给自己营造一些训练压力和动力。

总之，关键是要坚持下去。

关于前面提到的肌肉力量衰减，我可以举一个例子，比如那些年轻时喜欢打高尔夫的人，随着年纪的增加，很多人老了之后就会选择不再去打球。并不是不想去，而是因为上了年纪，体力跟不上了，成绩也大不如前，所以放弃了这项运动。明明他们好不容易熬到退休，刚刚拥有大把的时间可以享受高尔夫这项运动给自己带来的乐趣，结果却因为身体原因放弃，这简直太可惜了。

如果真的那么在乎自己的成绩，改改规则让得分变好看点不也是可以的吗？这样一来，不仅会让兴趣继续保持下去，更重要的是，还能通过打高尔夫球跟好朋友们一起活动活动身体，岂不美哉？重要的不是能得多少分，而是跟朋友在一起的时光吧。

04

临时爽约也没关系！
不管什么样的邀请都先同意了再说

◇ 人过了 75 岁之后，不论做什么事都会很快变得厌烦，而这种懒惰则会反过来进一步加速身体的老化。这就会变成一种恶性循环，先是一味地因为怕麻烦不想出门，结果不运动带来的衰老又会进一步加深人们内心烦躁的情绪。

◇ 对于老年人来说，一定要抓好生活中的 "两个有"：每天都有要去的地方，每天都有要做的事情。

◇ 人在 75 岁之后，一定要有让自己的身体行动起来的魄力。

如果你越来越不喜欢赴约……

正如在前文中所提到的，人们过了 75 岁之后，不论做什么事都会很快变得厌烦。而这种懒惰则会反过来进一步加速身体的老化。

这就会变成一种恶性循环，先是一味地因为怕麻烦不想出门，结果不运动带来的衰老又会进一步加深人们内心烦躁的情绪。

请仔细回想一下，面对您朋友出门的邀请，精神满满答应对方的次数是不是越来越少了呢？

老年人们所谓的宅家，无异于在家冬眠了。所以说，我想给大家一条建议："只要有人邀请您去玩，不管怎样，都先同意了再说。"

当然不仅限于与朋友的约会，假如哪天突然你想到了一些想要做的事，或者想要去的地方的话，最好也马上行动起来。总之一定先把它提上日程。

对于老年人来说，一定要抓好生活中的"两个有"。

所谓"两个有"在这里的意思是：每天都有要去的地方和每天都有要做的事情，也就是说大家最好能给自己每天的生活有所安排。

圣路加国际医院的日野原重明医生去世的那年已是 105 岁高龄，即使是这样的年纪，他还接受了几乎所有的采访、讲座和其他请求。可想而知，这位医生即使过了 100 岁，自己的日程本大概也是被填得满满当当的。

既然确定了日程，也就意味着我们需要在特定的日子，特定的时间前赶到约定的地方。先不管身体状态怎么样，真正重要的应该是内心的责任感。人一旦上了年纪，就一定要学会用内心去带动身体才行。

我现在经常会说"老年人千万不要把自己的身体当借口"，但其实年轻那会儿的我完全是另一番看法。"好好倾听自己身体的声音，怎么舒服怎么来就好"，当时的我一直是这么认为的。结果发现，自己真正上了年纪后，对这方面的看法产生了变化。

"今天感觉身体状况如何啊？"

"今天感觉好累，所以只想休息休息。"

如果我们这样问一问自己，大概会下意识地得到这样的回复。这就是内心那股干什么都嫌麻烦的心情在作祟了。如果这时候我们接受了这个下意识的回答，那估计这一整天就是在家躺着度过了。

这样做的结果是：如果我们第二天问自己相同的问题，得到的回复跟前一天也不会有任何区别。等到了第三天，身体已经完全不想动了……人们就是这样渐渐变成了老年家里蹲的预备军。

正确的做法应该是，从第一天起就不要被身体那股懒惰的信号所迷惑。换句话说，不要去听信身体的谗言。

人在 75 岁之后，一定要有让自己的身体行动起来的魄力。

但是凡事都有限度，太过勉强自己的身体肯定也是不行的。如果到了约定的日子，当天身体突然不适或者感觉哪里不舒服了，而且当天完全没有想去的动力，就不要勉强自己了。临时爽约也没关系。

对于爽约这件事，其实完全不需要有心理负担，因为对方大概跟我们的状况也差不多，也没那么想出门，所以即使不去赴约，对方也不会太在意的。

所以如果被过了 75 岁的老家伙放了鸽子，也请大家互相理解吧。

05

老年时结交的朋友可能比你
想象的要更好！

◇ 老年完美生活的四大指标：健康，金钱，时间，好朋友。

◇ 在 60 岁之后遇到的那些人，换句话说，就是在老年
时期才结交到的朋友，很适合推心置腹地交往。

不知不觉间老朋友都会变

　　老年完美生活的四大指标：健康，金钱，时间，好朋友。我觉得其中最难的一项大概就是好朋友了吧。老年朋友对男性来说尤其重要，毫不夸张地说，甚至可以决定一个人寿命的长短。

　　那么，老了以后会跟什么样的朋友玩到一起呢？

　　首先，我们跟朋友的健康程度（包括体力水平）要比较相近，并且日常活动范围也要大概一致，对于时间（包括忙碌的时候）和金钱有相似的观念，最后家庭状况也要差不多。

　　反倒是那些交往多年的老朋友，在和他们相处的时候，我们更需要谨慎地选择聊天的话题。万一不经意间随意的一句话被消极地理解成了讽刺的话，那整个聊天的乐趣也会瞬间减半。与其聊天的时候担心这种误会的出现，还不如从话题上避开这个问题。

老年后更应珍惜每一次相遇

其实我觉得，在 60 岁之后遇到的那些人，换句话说，就是在老年时期才结交到的朋友，很适合推心置腹地交往。我自己也听别人讲过很多这类的例子，比如有些人偶然在度假的时候认识了一个朋友，结果度假结束后也一直保持着联系。这种关系的延续可能是因为相遇时的他们有着相似的目的和对生活的感受吧。

那些跟我们地位相同的人，面对相似的工作困难的人，跟我们有共同兴趣的人，或是那些不惧年龄仍然在坚持挑战自己的人，能跟他们交上朋友，相互鼓励，相互学习，肯定也会有满腔的动力吧。当然，不只是学习进步，彼此之间也可以互相倾诉一些无聊的家常。但只要能跟这样的良师益友待在一起，哪怕只是闲聊，想必也会开心得忘记时间吧。说不定回到家里后也不会感觉到疲惫，还会对明天的生活更加充满期待。所以没准，上了年龄之后还真是能交到志同道合的好朋友。

变老这个过程注定要伴随着越来越多悲伤的事情，人终究躲不过生老病死，从前的那些老朋友们会逐渐离开我们。所以不管是对男性们还是对女性们来说，我建议大家最好能在退休前就开始拓展一下自己的交际圈，不管是找一些有相同兴趣的人也好，还是加入什么运动小组也好，只要能在工作以外有一些可以敞开心扉的好朋友就行。

由于日本男性大多是上班族，所以很多人都会发现自己退休之后，连可以出去一起玩的朋友都没有。而女性们在这方面就不用那么担心，毕竟她们沟通能力普遍要高很多，连在咖啡店坐一坐都能跟邻座的人很快交上朋友。

我觉得在任何情况下都没必要把时间花在一个与自己相处起来不舒服的人身上。毕竟大家都已经在社会上辛苦奋斗了一辈子，这点程度的任性还是没什么所谓的。无非就是做个"不良老头"呗。

　　所以，如果不想在老的时候还是自己孤身一人，或者不想做个家里蹲，那就赶快趁着自己还有精力的时候，不要犹豫，加油结交几个好朋友吧。

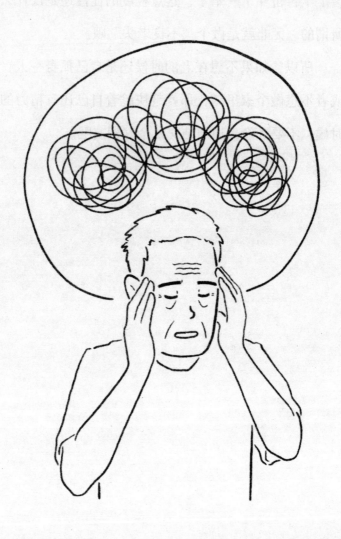

06

人老了脾气暴躁的原因其实是在跟自己怄气

◇ 对于老人们来说，他们会发现，以前轻轻松松就能完成的事情，现在很多都变得困难了起来，于是一想到就会觉得很沮丧，所以长期处于一个生闷气的状态。

◇ 年纪大了以后不管干什么都容易没什么兴致。

◇ 他们只是看上去很生气，而并不是在故意针对别人。

生气的对象是自己

年轻时候我常常想："为什么人老了之后总是要摆一张臭脸呢？明明那么丑……"但是呢，随着自己迈过 75 岁的门槛，这个问题的答案渐渐明朗起来。

第一个原因是，对于老人们来说，他们会发现，以前轻轻松松就能完成的事情，现在很多都变得困难了起来，于是一想到就会觉得很沮丧，所以长期处于一个生闷气的状态。还有那些突然想不起来事情的时候、上楼梯被绊倒的时候……这些瞬间无一不在刺激着老人们的神经，提醒着他们：你真的老了。所以当老人们每次有些什么不得不做的事情，却发现没办法按照自己计划中的样子进行时，都真的会很生自己的气。

再加上年纪大了以后不管干什么都容易没什么兴致。这样一来，就连听别人说话或者打帮腔都变成了负担。

　　我自己也是这样的。妻子说我在家的时候总是一脸不开心的表情，吃饭的时候也不怎么说话，还质问我："你就这么不愿意跟我待在一起吗？"但其实我也想请妻子原谅我，希望她能够理解我的这种感觉。

　　当然还有别的一些理由。我曾经在工作时，接待客人时，或者出去给别人演讲的时候，肯定是处于时刻紧绷着神经的状态，我这么做无非是希望自己的表现能够得到别人的认可。但是等到事情都完成，工作都结束，自己坐上回家的汽车的瞬间，疲惫感就会喷涌而来，这个时候，我连张嘴说话的劲儿都没有了。

　　正是因为如此，回到家后的我就只是淡淡地说一句"我回来了"，便径直走进卧室睡觉。不过我之所以会这样只是因为真的很疲倦。一天之中一直紧绷的神经终于放松下来时，感觉整个人的精力都被燃烧殆尽了。

　　而年纪大了之后，这种情况只会更严重。一天只能打起精神工作一会儿，还持续不了多长时间，工作结束后的疲惫还一点不少。所以不管是对自己、对家人，还是对周围的朋友来说，能够提前意识到老年人总是看起来很生气的原因不妨是一件好事。

毕竟他们只是看上去很生气，而并不是在故意针对别人。

所以请理解，如果你感觉某个老人总是摆着一张臭脸，那是因为他心里的热情已经所剩无几了。如果能这么想的话，双方交流起来会顺畅很多。

07

老年人没有过劳死这一说，
工作猝死 = 寿终正寝

◇ 过劳死对整个社会来说都是个大难题。其原因大多是因为精神和肉体层面上同时长期背负着极大的负担。

◇ 虽然可能会干劲满满，但身体状况肯定是跟不上了。所以说老年人完全不用去担心自己会过劳死哦。

老年人稍微拼命一些其实刚刚好

在我做过的演讲中，我多次提到"老年人是不会过劳死的"这一观点。

每次我这么说的时候，我的听众们（大多也都是老年人）都会露出一副难以置信的表情。

过劳死对整个社会来说都是个大难题。其原因大多是因为精神和肉体层面上同时长期背负着极大的负担。而唯一能够避免悲剧发生的方法，就是在垮掉之前给自己的身心一个充分的休息。

过劳死的高危人群其实是那些工作狂们。现在的年轻人们不仅体力好，还都很有拼劲儿。但也因此有时候会过于拼命，最后要么把身子搞坏，要么把自己逼疯。

而在这一点上来看，老年人根本做不到那种程度的拼命。

不对，也不能这么说。准确地说应该是虽然可能会干劲满满，但身体状况肯定是跟不上了。所以说老年人完全不用去担心自己会过劳死哦。

而且退一步讲，就算万一某个老年人真的由于辛苦工作猝死了，这样离世的方式不正是大多数人理想中的"寿终正寝"么？

能一边做着自己喜欢的事一边与世长辞，我猜大概是很多老年人向往的一种方式吧。

第四章 别总惦记着家人和钱了

01

跟孩子一起住的话会加速衰老

◇ 促使衰老加速的因素有很多种，而其中最重要的因素之一，就是家人没必要的关心。

◇ 如果老人本身自主生活的意愿比较强烈，即使是有轻微的老年痴呆症，也不妨碍让他继续自己独自生活。

◇ 现在的社会中，特别是在大城市里，孤独又自由的生活方式已经逐渐被人们认可接受。然而等他们到了弥留之际，周围的人会突然感叹他们是多么的孤独可怜。我觉得这样的反差多少是有点奇怪的。

同居的风险

促使衰老加速的因素有很多种，而在我看来，其中最重要的因素之一，就是家人没必要的关心。

让我们举个例子：有一天家里的后辈前来探望老人，孩子们一进门，如果发现父母家里比从前脏乱了不少，老人们也没有像以前那样把自己收拾得当，就会开始担心父母还能不能照顾好现在的自己，然后就会想要搬过来跟父母一起住。

当然了，老人们随着年纪的增长，不管是体力还是精力都会有明显的下降，而他们自己也往往能切实地感受到这一切的发生，因此也会对生活抱有不安，对自己也逐渐失去信心。他们的这份焦虑也必然会被家里人察觉。家人们或许就会觉得，放任手脚不灵便的老人们自己生活是一件危险的事，于是就开始萌生出搬来跟父母同居的念头。

而真的与老人同居则会逐渐变成令老年人加速变老的原因之一。

　　一旦和子女们住到一起，很多老人们就过上了衣来伸手、饭来张口的生活，平时需要自己打理的家务，比如做饭、扫地之类的，慢慢也开始交给子女们去做了。毕竟如果子女们看到父母脏乱的生活状态，一定是不会放任不管的，不然怎么能算作是一家人呢。

　　我们接着来说父母与子女同居之后的生活状态。逐渐地，跟子女一起生活的老人们会失去整理家务的动力，同居前还能自己做的事情，搬到一起后都开始交给孩子们了。但也正因为如此，身体会开始加速衰老。而且因为什么家务都不做，内疚的感觉也逐渐开始浮上心头，生怕自己成了子女的负担，整个人也会开始逐渐变得消极。

　　我上面所说的可不是信口开河，这样的人确实不在少数。

对子女们而言，都是抱着希望父母的生活能更省心的心情做出这样的决定的。所以才想无微不至地照顾老人的生活起居。但事实上我也见到很多老人在跟子女住在一起后，没多久就患上老年痴呆症的例子。

不过如果跟年轻的时候比，人老了之后，生活状态确实会大不如前，饮食开始变得不规律，房间也开始变得没那么整洁，就连澡也不好好洗了。但这些变化其实并没有给身边的人带来任何麻烦。

如果老人本身自主生活的意愿比较强烈，即使是有轻微的老年痴呆症，也不妨碍他继续自己独自生活。

虽然判断力会变差，身子会变得不灵便，但自己生活的话，每天都有不得不去做的事情。这样的生活环境，虽然乍看起来对老人们来说很辛苦，但我觉得实际上却可以有效地预防衰老，并且对预防老年痴呆症也很有效果。

所以在我看来，如果老人们能够尽量地选择自己生活（或者夫妻二人），而不是依靠子女，真的是再好不过的事情了。

即使不是孤身一人也还是会孤独地死去

如果我说："既然让老人们自己生活的方式应该得到推崇，那老人独自死去又有什么不好呢？"您一定会觉得这种话太偏激了。但是，在亲眼见证了那么多老年痴呆症患者的生活后，我确实是这样想的。其实轻微的老年痴呆症，刚才我们也说了，是不会影响老人自己过日子的。

不过我其实也应该重新组织下刚才的这句话。毕竟"独自死去"这样的字眼本身就给人一种可怜、悲惨的感觉。而且听起来好像是被人决定了命运一般，会让人很是排斥。人们看到"独自死去"这几个字，可能会想到一个老人渐渐跟家人和朋友都断了联系，就连死后的一段时间都没人发现的凄惨场景。

但其实我想表达的并不是这个意思。

试想一下，如果我们平淡地过着日子，不知不觉间迎来了生命中的最后一天，接踵而至的还有一堆需要烦劳家人们的手续单。但是这样的离去完全没有让人悲伤的感觉。在我看来最理想的方法应该是努力燃尽自己的一切，奉献一生后安详地独自离去。

现在的社会中，特别是在大城市里，孤独又自由的生活方式已经逐渐被人们认可接受。然而等他们到了弥留之际，周围的人会突然感叹他们是多么的孤独可怜。我觉得这样的反差多少是有点奇怪的。

除此之外，我觉得对那些到生命的最后都选择不去依赖他人的人来说，这种"孤独死去"的方式不应该被他人拿去贬低，社会也应该对他们的选择更加宽容。

02

年轻时作为社会人的那种骄傲
早点丢掉的好

◇ 被其他人需要才是我们最大的动力来源，不管是对男性还是女性来说都是如此。

◇ 一旦被周围的人所期待而扮演着某种社会角色的时候，我们就能从中感受到自己在社会中存在的价值，并以这种方式维持和社会的联系。

父亲退休后的生活变化

　　还记得在本书第二章中介绍的那位很孝顺的女子吗？关于她父亲的故事还有后续。这位父亲在退休前一直是一名普通的公司员工，退休之后又在一家小公司担任了几年顾问。

　　这位女性朋友告诉我："那时的父亲跟退休之前比，虽然不是每天都要去上班了，但起码还有可以去的地方。但顾问的这份工作也不做了之后，就真的开始每天待在家里了，换句话说，父亲的退休生活也正式开始了。

　　"我父亲从来没做过家务，像烧开水或者焖米饭这样的事都不会。他甚至连自己的内衣都不知道放在哪里，因为我母亲会把所有的东西都给他准备好。

　　"而我父亲的兴趣就只有一个——看电视。一只手握着遥控器，就这样在沙发上一坐，看一整天的电视。能让他挪动地方的就只有上厕所和吃饭。"

像这位父亲一样的男性，其实现实生活中还是挺多的吧。听了朋友的讲述，我也很容易可以想象出接下来会发生什么：

"终于有一天我母亲的忍耐到了极限！对父亲大声说：'你差不多得了！你天天在那儿坐着搞得我连扫地都扫不好，完全没法按自己的节奏做家务。你想干什么都行，总之给我出去。'"

"果然是这样……那在这种情况下要怎么做才能帮到他呢？"

"结果一周后，我父亲就又找了一份工作。他好像是看到了报纸上的招聘信息，然后自己乖乖跑去参加了面试。

"您猜猜他找了一份什么工作？就连我都很意外，居然是附近一所高级公寓的管理人。我跟我母亲一开始都很担心，毕竟他在家连扫地都扫不好，甚至连扔垃圾也不会。结果我父亲好像做得很出色，几个月之后甚至收到了住户送来的点心和水果。"

　　她的父亲就这样一下变成了被居民们称赞感谢的管理人。而我也不得不说这样的转变太让人佩服了。然而这还没完，父亲的改变还在继续。

　　"我父亲好像每天都要比上班时间提早 2 小时赶去大厅，把那儿全都打扫一遍。他说这是因为那个时间出入的人员比较少，打扫的时候也就不会给大家造成麻烦。

　　不仅如此，他还把平时要用的工具、机器都列成了单子，把每天要做扫除的地点和内容做成了一目了然的检查表，这样每完成一项就能在上面打钩记录。就连对平时负责跟他换班的人，父亲都为其制作了一份业务流程，来确保日常交接工作顺利进行。

　　"我感觉是父亲他自己改变了自己。父亲的工资也因为居民们的感谢，加上管理公司对他工作的认可，一直在不断上涨。父亲本人也很开心，他每天都活力满满地投入工作，并且由于天天做这些清洁工作，体重也降到了最健康的范围内。哎，人可真的是会改变的呀。"

继续工作的意义是什么？

　　事实上变化在任何人身上都有可能发生。大多数男性们就偏爱做那些能让他们下功夫、花精力，然后切实对现状有所改善的事情。但最重要的是，被其他人需要才是我们最大的动力来源，不管是对男性还是女性来说都是如此。

　　而我认为这也正是我们需要继续工作的理由。

　　一旦被周围的人所期待而扮演着某种社会角色的时候，我们就能从中感受到自己在社会中存在的价值，并以这种方式维持和社会的联系。不仅如此，如果我们还能从这份工作中获得一些收入，作为平时的零花钱的话，我们退休后生活的幸福感将大大增加。

　　据我的经验，大部分做过职员的人，尤其是那些年轻时在职场身处高位的人，都会在退休后一边抱怨自己没有工作可做，一边拒绝一些看起来不起眼的工作。而这背后的原因正是我们内心深处的自尊心在作祟。他们在面对其他工作的大多数时候心里想的都是："我才不要去做这种事呢。"

不如现在就忘掉那份骄傲，行动起来吧！

顺便一提，刚才提到的那位成功改变了自己的父亲，现在已经能把家里的玄关打扫得比他妻子还干净，垃圾分类也能做到分毫不差。而他在家人们眼中的形象也发生了变化，大家都评价他是"家里的一宝"，同时也十分感谢他对家庭的付出。

退休金收支明细
收入：　￥2,000.00
　　　　￥2,000.00
　　　　￥2,000.00
　　　　￥2,000.00
　　　　￥2,000.00
　　　　￥2,000.00
　　　　￥2,000.00
　　　　￥2,000.00
　　　　　　0.00
支出：

03

养老金打算攒到什么时候？
不如趁现在就花掉吧！

◇ 在人们靠分享稀缺食物和资源生活的时代，省钱是对社会的一种责任。但现在的社会跟那个时候比可不太一样了。我们现在生活在一个不能光存钱而不花钱的时代。

◇ 趁着自己还在世的时候，把一半的财富用在我们自己身上应该不是一件过分的事情。

现在在经历的正是"老年生活"

我发现我周围的男性朋友们都有一个通病：他们中的大部分人在退休之后，随着收入的消失，花的钱也开始变少了。即使是那些之前在大企业做到了部长级别，应该不会被金钱问题困扰的人，退休后也会对金钱花销非常在意，任何开支都精打细算。即使是那些通过工作晋升到大公司董事职位、被认为拥有大量财富的人，也会变得对金钱非常在意，并尽可能地减少开支。并且还总是会把"我就是个靠养老金过日子的人……"这句话挂在嘴边。

顺便一提，在"节省"这一点上，女性们也不例外。

不过我更希望的是大家能在退休后把自己的钱花在自己身上，用来享受生活，而不是全都存进银行。

对于上了年纪的人来说，朴素节俭的生活一直被认为是一种"美德"。诚然，在从前那种食物和资源都极度匮乏的年代，"节约"绝对是人们的一项社会义务。在人们靠分享稀缺食物和资源生活的时代，省钱是对社会的一种责任。但现在的社会跟那个时候比可不太一样了。我们现在生活在一个不能光存钱而不花钱的时代。

常有人说，东方人跟西方人相比就是喜欢存钱攒钱。但是不妨回忆下我们年轻时攒钱的目的是什么。难道不是为了能在自己以后万一生病时有钱可用，或者为退休后"失去收入"的时候做准备吗？

结果呢？等我们真正上了年纪没了工作时，反而却舍不得动这笔攒了一辈子的钱，还是在自己的养老金范围内省吃俭用。

如果是确实没攒下什么钱的情况那我们暂且不提，我建议的也不是让我们大手大脚地把自己一生的财富花个一干二净。但是，我觉得趁着自己还在世的时候，把一半的财富用在我们自己身上应该不是一件过分的事情。

现在让我们试着想象自己是一个70岁的老头子，预期平均寿命是15年。这里的预期平均寿命指的是，我们有二分之一的概率再活15年。所以这种情况下，如果我们把自己剩余财产的一半平均分成15份，那么每一份就是我们每年可以提取的金额。加上我们平时的养老金，这部分取出来的存款足以让我们的生活一下子丰富充实起来。而且假如我们有幸能多活几年，还有当年一半的财产可以拿来用。这么一想，还是挺让人安心的。

　　我记得曾经有这样一个故事，传说有两个超过百岁的风靡一时的金先生和银先生，当别人问他们挣来的钱打算怎么办的时候，他们回答："攒起来将来养老。"结果引得大家哄堂大笑。但是现在的大部分老年人，特别是男性，不正是在做和故事中的金先生、银先生一样的事情吗？

　　所以说，你存的那些钱，如果现在不拿出来用的话，还要留到什么时候？果然还是要赶紧花才对吧！

明明有存款却只想靠养老金过日子，必定会让自己的生活变得拮据。假如这样过度的节约让你开始感到不舒服，我建议大家不如抛下执念，也用金钱来装饰下自己的生活。

04

别总指望老了之后靠养老金！
与其攒钱不如努力挣钱

◇ 社会的少子化和老龄化现象正在不断加剧，而劳动工作者的数量则会不断减少。可想而知，总有一天我们要迎来一个老人们也不得不出去工作的时代。

◇ 我想建议的不是只让大家靠着养老金过日子，坚持着把攒了一辈子的钱留给孩子们的这种传统想法，而是努力工作、努力挣钱，把自己的积蓄用于享受自己的生活。

如果对生活感到不安，就去挣钱

我们在上一节中讨论了老年之后不要过分节省的问题，我相信一定会有人用两个问题来反驳我。第一个问题是："我们没法预测自己能活多久"；第二个问题是："我们不能确定将来的每一笔养老金都能顺利领到"。

如果是这样的问题让我们觉得不安的话，那么解决方法只有一个——赶紧动身去挣钱吧！现在不行动起来的话还要等到什么时候！

如果担心自己会太过长寿，那至少能说明现在的你身体还很健康，精气神儿也还很足。这样的话，那就趁着自己的身体条件还能工作，哪怕工资没那么高，也尽量通过工作去挣钱吧。

有这么一句话说得好："只要勤奋工作就不会贫穷。"而且话说回来，人们对金钱这种东西是永远也不会感到满足的。所以说，与其把精力都放在发愁金钱的问题上，还不如踏实下来，在自己的能力范围内好好工作，这样不管是生活还是心情都会更让人舒服一些。

一旦工作起来的话，别的先不讨论，首先这件事本身就是能打发时间的，起码可以防止你成为一个"老年宅男"。而且最重要的是，工作会让自己觉得对社会有所贡献，从而获得自我认可，光是这一点就足以让人精神满满了。

社会的少子化和老龄化现象正在不断加剧，而劳动工作者的数量则会不断减少。可想而知，总有一天我们要迎来一个老人们也不得不出去工作的时代。假如真到了那种时候，我们对工作也不很挑剔的话，最起码能找到一份不错的差事。

所以我想建议的不是只让大家靠着养老金过日子，坚持着把攒了一辈子的钱留给孩子们的这种传统想法，而是努力工作、努力挣钱，把自己的积蓄用于享受自己的生活。如果日本的老年人都能有这样的思维方式，那我想日本应该会变成一个更有活力的国家吧。

当然如果换个角度，我们也可以说，自由享乐的老年生活，跟造福我们的子孙后代这件事是息息相关的。

活到老干到老，到底是怎么一回事

随着少子化和老龄化现象逐渐加剧，劳动力缺口越来越大，有的人提出建议将退休年龄提高5到10岁，让人们能在65岁或者70岁退休，而不是在精神满满的60岁。当然这样做的话对社会来说是有一定好处的，起码可以推迟支付养老金的年限。

在对待工作这件事上日本人跟欧美人本就是不同的，我们会将工作与人生意义画等号，而不会把工作看成是一个苦差。这就是为什么日本人过了65岁之后还有意愿，也有能力继续工作。如果在这样的社会中让人们提前退休，变成社会的负担的话，那对这个社会来说也的确是一种浪费。

根据一项对日本60岁以上的老人们做的社会调查的结果，约有七成的受采访者表示希望自己能工作到70岁，或者至少工作到自己还能工作为止。而想在现今社会创造一个能让 70 岁甚至 80 岁的老人们也能去工作的环境的最大瓶颈在于——日本的年功序列薪资制度 ①。老年工作者的工资不能自由设定，这一点不论对于员工还是雇主来说都是让人头疼的事。

对此我有个大胆的建议。如果我们的目的是打造一个能满足人们工作愿望，让人们工作更久的社会的话，不如干脆把退休时间调得更早一些好了，比如 45 岁或者 50 岁。

对于公司来说，可以在这个时间点重新对员工的能力和相性进行审查，然后根据结果来重新制定未来 20 年的合同。对个体户来说也是一样的道理。雇主可以在员工 50 岁的时候参考对方的能力重新设定工资并将其设定为新的起始工资。而对于员工来说，虽然可能工资多少有些下滑，但如果可以继续工作 20

---

① 日本实行基于资历的薪酬制度，而资历的评价内容包括在这家公司的工作年份和年龄。作者这里想表达年龄大不应对应高薪资。

年甚至 30 年，获得的总工资很有可能会比原来更多。

事实也是如此，现如今有许多老年人一直工作到 75 岁。这也就是说，不管对于公司还是个人而言，如果能在 45 岁或 50 岁的时候重启自己的工作生涯，收入得到了保障，就可以轻松地给今后 25 年的生活制订一份计划。

当然了，前提当然是我们要在 50 岁过后还能保证身体有足够的体力和精力来满足工作要求。总之，身体状况必须要跟我们的工作要求相匹配。

试想，如果强制规定，告诉企业和员工："你们的养老金要到 75 岁才能开始领取，在这之前你们就在公司上班吧，而公司也必须雇用他们。"势必会招来企业和员工的不满。但是如果能够制定出一套刚才我们讨论的允许人们工作到 75 岁的体系，就能让那些想要工作的人和想招收人手的人形成供求关系。

我觉得像这样到了晚年还能有一份工作，人生也算是丰富多彩了吧。

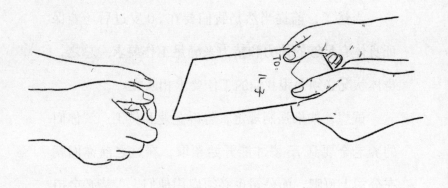

05

正因为是一家人我才想强调：
重要的是感恩和红包

◇ 不要吝啬表达自己的感激，请试着去对别人说够100
次"谢谢你"，相信你也会有一种幸福的感觉。

◇ 人一旦老了，就注定要面对无数的"不便""不自
由""拘束""孤独"。所以为了能回避这些情况，便要
善于利用金钱的力量。

如何在老了之后依然让家庭保持幸福美满

很多人在进入晚年生活后，最容易产生疑问的部分就是人际关系，而家庭关系也理所当然地包含在内。这一点在男性身上尤其明显，他们常常会理所应当地认为：我工作了一辈子都是为了这个家庭在做贡献，现在我年纪大了退休了，自己生活起来多少有些不便了，所以不论是社会还是家人都要照顾我才行。

然而这个世界并不会有那么多的理所当然。先不谈这件事涉及到的社会问题，单就家庭来说，假如我们三个月不挣钱，没有为家庭做贡献，那就会被视为家庭的负担。这虽然听起来很可悲，但却是事实。而最可悲的是连自己已经变成负担了这件事都需要我们自己去发觉。

因此，如果能跟家人在平时建立起良好的关系就好了。然而事实是不论是工作日还是休息日，有些人的生活总是围绕着工作转，不是在干活就是在应酬。花在家人身上的时间总是很少。这样的人等到老了之后，突然步入退休生活，他们会很容易发现自己并不知道该如何与家人们共度时光。当然了，遇到这种情况的大多都是男性。

如果遇到了这样的状况，大家会怎么去弥补呢？办法听起来对某些人来说可能很残酷，我们首先要忘记自己过去所有的成就功绩，开始为了能给自己的家人帮上忙而努力，退一万步讲，最起码也不能让自己成为家庭的负担。

然而即便如此，总有一天我们还是会变得离不开家人的帮助。

所以我们到底应该怎么办才好呢？我认为上了年纪之后还能跟家人保持良好人际关系的关键在于两点。

首先要做的就是不要吝啬表达自己的感激，这可能算是我们这代的男性最不擅长做的事情之一了。然而神奇的是，你会发现，当你认真地说出"谢谢"之后，自己也会进入一种神奇的状态中。

在这种状态的催化下，会不自主地发现数不清的感谢对方的理由。"谢谢你，今天的米饭可真香"，"谢谢你帮我收拾"，"谢谢你帮我洗了衣服"。首先要做的，就是试着把"谢谢你"加在那些你曾经认为理所应当的事情前面。

请试着去对别人说够 100 次"谢谢你"，相信你也会有一种幸福的感觉。

只要收到了别人的感谢，心情一定会变好，这是人之常情。仅凭这简单的一句话就足以让家人喜笑颜开，而你自己的存在价值也会得到相应的提升，何乐而不为呢。不仅如此，被我们感谢的人还会因此想帮我们更多的忙。

第二个方法是用金钱去感谢家人，这个方法可能有点俗套张扬，但要知道金钱也是可以像赞美之言一样，具有驱使他人行动的能力的。我认为虽然在传统观念里，人们一般不喜欢把人际交往，尤其是把家庭关系跟金钱扯上什么关系。

但这里我们需要转变一下思维模式。

金钱是买不来幸福的，但是金钱也确实能够帮助人们摆脱一些诸如"不便""不自由""拘束""孤独"之类的负面处境。人一旦老了，就注定要面对无数的"不便""不自由""拘束""孤独"。所以为了能回避这些情况，便要善于利用金钱的力量。对外人则不用多说，对家人也请如此。把感谢的话和金钱这两样配合使用，双管齐下，效果更佳。

具体的做法，就是不管别人帮了自己什么忙，都要先表达自己的感激，再附上一个小红包（当然是包了钱的那种）。至于里面要放多少钱就取决于你自己了。关键在于，每一次都要真诚地表达出自己的感激之情。

一家人也要明算账

　　要是到了不得不对子女或者亲属说出"放心吧，我死了之后财产都给你，所以在那之前你要把我照顾好"这种话的地步，一定是一件很悲哀的事情吧，尤其是对那些有一些积蓄的人来说。但换个角度来看，那些人说不定也会因为惦记着某一天能够拿到承诺的这笔钱，而真的好好照顾我们的晚年生活呢。

　　问题的答案我们当然能猜到，事情肯定不会完全按照我们想的那样发展。但其实人们的心理要比我们想的更加简单。

　　比如说，即使是家人，相比于不知什么时候才能到手的一大笔钱，如果有立马就能得到的 3000 日元摆在眼前的话，那肯定是后者更具吸引力。这一点对于那些要每天在你身边照顾你生活的人来说更会是如此。

如果平时承蒙家人的照顾，那么我们也应该每次都好好地回报他们。即使是小金额的报答也是必要的。虽然有的人可能觉得跟家里人谈钱显得很生分，但正因为是一家人，才更有必要算明白账。

　　请客吃饭，相迎相送，入浴搓澡，这些事情最好都能设定明确的金额，并且每次都诚心诚意地用现金支付。把准备好的钱找个可爱点儿的红包包起来，在不经意间快速地交给对方就行。

　　就像自己在孩子还小的时候，为了让他能够参与更多的家庭事务，锻炼责任心，与他约定，帮忙干一次家务，爸爸妈妈就给多少零花钱一样。这种方法也不仅限于家属之间，更是人们上了年纪之后保持好人际关系的最有力且有效的秘诀。

　　这是对对方付出的价值认可，对方能获得相对的报酬，而且这种方式能有效地消除原本的"欠别人人情"的暧昧感觉。

不仅如此，请一定别忘了在递出红包的时候也附上自己的一句"谢谢"。当然了，不仅仅是支付报酬的时候，只要是受到了别人的帮助，就请经常把"一直以来谢谢你了""有你在真是太幸福了，谢谢你"这样的话挂在嘴边。仅仅是这样的一句话就足以让对方的疲惫感消失不见。

　　感恩之情要好好地通过像"谢谢"之类的言语和态度也就是红包来表达。受到他人帮助时要摒弃那种理所当然的想法。这一点不论对方是家人还是亲戚都是如此。做到这一点，渐渐地你会发现，单是保持这样的状态，人际关系就会变得格外良好。

　　金钱和言语可谓是缺一不可的。一定要加上"谢谢你"，再把红包递给对方。请记住，不管红包的金额是五百日元还是几千日元，在这种情况下都会产生数十倍的价值。

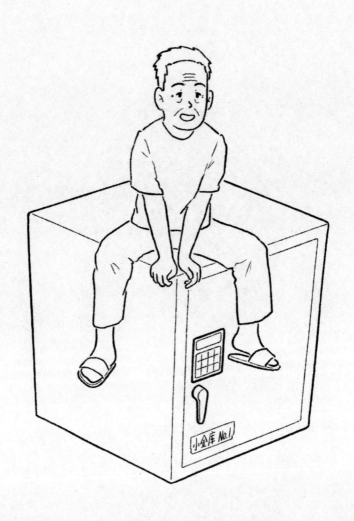

06

别留遗产，自己花光才是为孩子好

◇ 学会用言语和红包来向对自己施以援手的人表达感激，像这样安排自己的老年生活，把自己的财产用在自己身上，反而能跟孩子们之间建立一个没有隔阂的良好关系。

◇ 只有自己手中攥着的金钱，才是真正意义上能够自由支配的财富。

晚年生活的质量取决于金钱？

　　金钱对我们的生活不可或缺，从日常细小的琐事到人生的重大事件，都需要金钱在其中来扮演重要角色。特别是上了年纪之后，生活中的各种事情难免会让人更加有感触。

　　另一方面，金钱有时候也可能会变成导火索。特别是当涉及到财产问题时，往往是留下的财产越多，往后面临的纠纷也越多。至今为止我看过太多相关的故事了。

　　最近有不少人通过在生前将自己的财产转让给自己的家人的方式来减少将来要交的遗产税。而他们内心实际想的很有可能是："万一自己发生什么意外的话，孩子们应该会为了报答这笔钱而照顾我吧。"

　　但事实上，人的想法并没有那么简单。要知道孩子们也是人，即使是父母为了让孩子们孝敬自己而给予的财产，一旦进了孩子口袋，他们也不会那么轻易地放手的。而这就是我亲眼所见的残酷现实。

与其怀着这样微弱且易被背叛的期望，不如试试像我们上一节建议的那样，用言语和红包来向对自己施以援手的人表达感激，毕竟每次只要一句"谢谢"和一点现金就能达成目的，不会给人施加任何精神压力。所以如果像这样安排自己的老年生活，把自己的财产用在自己身上，反而能跟孩子们之间建立一个没有隔阂的良好关系。

上了年纪要给自己留现金

关于储蓄和财产，有几个注意事项希望能给大家说明一下。

虽说是自己的财产，但不一定都能凭着自己的喜好随心所欲地使用。就比如说房产这样的财富，想要把这样的财富变现必然要经过他人的帮助，并办理其他一些复杂的手续。如果是遇到意外导致自己的身体不能动，或是认知上开始出现障碍，到了甚至自己都没办法到银行去取钱的程度，这时候自己的财产就不得不提前交给家人来管理了。

但是，当我们的财产转交给了家人代理后，如果自己的身体情况突然变差，到了不得不住进养老院或者医院的程度后，会发生什么呢？多数的情况是，孩子们帮助父母挑选的养老院或医院的质量水平一般只能达到父母理想中的条件下的三分之一左右。说到底，父母和子女对待金钱的理念本就是存在差异的。

　　而对于孩子们来说，让他们感到不安的点就在于不知道父母的看护费要花掉多少钱才够。另一方面，他们难免会惦记着"这些财产到底能剩下多少归我们呢"这样的问题。说到底，只要财产的支配权从自己转移到家人身上，那么这笔钱就不一定都能花在自己身上了。所以涉及到财产的时候，不要想着"老都老了，就听孩子们的吧"，反而应该抱着"既然老了就更要质疑孩子们"的想法才对。

　　只有自己手中攥着的金钱，才是真正意义上能够自由支配的财富。

　　请务必不要忘记这一点。要是连这笔钱都没有了，那就更谈不上给别人包红包了。所以我也时刻提醒自己注意保持老了之后的"现金储备"。我还常常跟自己的好朋友们讨论小金库的话题，我们一致认为小金库是肯定需要的，还会去讨论什么样的小金库比较好。

所以我建议大家跟家人表明态度，告诉他们："自己的事情自己会尽量处理，而自己的财产也是为了这种时候准备的。所以，是不会托付给你们的。"

　　虽然话是这么说的，但实际情况是：大多数人都会多多少少给孩子们留下一些遗产。但如果能抱着一种"死之前我要把自己的所有的钱都花完"的想法度过自己的晚年，我觉得刚好能算是这个问题的最优解。

07

护理老人这事儿最好还是指望别人

◇ 其实，大家对护理有一个很大的误解，那就是：只要相互之间有感情，护理老人的工作还是交给家人最合适。

◇ 在日本的护理行业，有这样的一句话：既然自己没办法照顾自己的父母，那不如把自己的父母托付给别人，然后自己去照顾别人的父母。

◇ 如果把护理的工作交给家人来做的话，无疑对双方都会造成很大的心理负担。

护理是一种专业性很强的工作

依靠着人又会使我们陷入无尽的烦恼。

人上了年纪后，生活上难免会变得难以独自应付，这时候，如果想要让自己晚年生活的质量得到保障，除了金钱，还有一项很重要的事情，那就是需要有一个来自家人以外的人的陪伴。

在日本，虽然近几年有衰弱的趋势，但很多人仍然深受大家族制度的影响。在这种传统思想的影响下，护理的人会认为亲自送走自己的父母是作为子女的责任；而作为护理对象的父母也会觉得自己应该是在自己熟悉的家中，在家人的照顾下与世长辞。因此对于养老院这样的机构很抵触。

而在欧洲，父母与孩子们的关系则显得有点淡薄了。孩子一旦成人之后，便如同离了家的小鸟似的跟父母划清界限。同时孩子与父母同居的比率也很小，父母一旦到了不得不去养老院的时候，不论是本人还是孩子们都不会对此有什么抵触情绪，周围也不会有人说三道四。而且，国家是为了老人们能过上舒心的晚年生活才修建了这些养老设施，而整体的护理水平也会在大家的呼吁中进一步提升。

其实，大家对护理有一个很大的误解，那就是：只要相互之间有感情，护理的工作还是交给家人最合适。

而家人接手护理工作最难调和的关键，首先就是"不知道要做到什么时候"这个问题。有可能他们在最初时会觉得：这可是到了我要报恩的时候了。但其实护理的工作往往长到超出了他们的预期。就好像一个人独自走在看不到终点的赛道上，真的很难坚持下来。

其次除了要有感情之外，护理还需要具备相应的专业知识、技能、经验和操作工具。

最后但也最重要的一项，就是强大的心理承受能力。毕竟对孩子们而言，看着自己的父母一点点老去，必定是充满了心酸和痛苦的。

如果是患上了老年痴呆症的话，在孩子们心中，父母一直以来的形象难免会一点一点被撕碎。父母会逐渐开始丢三落四，同样的事情要说好几遍，有时还会忘记上厕所，或者忘记回家的路。

对于家人来说，这种冲击的严重程度是没办法估量的。最初他们可能还能尽力而为之，但逐渐也会难以接受父母的变化，从而对父母开始变得苛刻。另一方面，孩子们也会因为自己把不好的情绪传给了父母而难为情，暗暗责备自己对父母的所作所为并开始生自己的气。

互相之间没有期待的话就可以省去
很多麻烦

　　在这件事上老人与儿女间最大的"敌人"就是亲情的羁绊了。不管跟子女的关系有多好，正是这层关系让子女们难以跨越。但是如果换作是外人，就能顺理成章地接受人们晚年的变化了。要说原因的话，护理的对象毕竟不是自己的父母，即使是面对老人逐渐衰老、逐渐虚弱的这种情况，也比较容易在内心划清界限。也正是因此，我更推荐把护理工作交给有专业知识的外人来做。加上这一层的心理缓冲，肯定是对大家来说都更好的解决方式。

　　在日本的护理行业，有这样的一句话："既然自己没办法照顾自己的父母，那不如把自己的父母托付给别人，然后自己去照顾别人的父母。"我觉得这也算是护理行业内的一句精髓了。虽然说过很多遍了，但我还是想强调，护理这种工作并不是仅凭一腔热血就能做得来的。从专业的角度来说的话，从早上起床，改变身体姿势，到喂饭、上厕所，所有的护理内容都是需要专业技巧的。事实上如果交给不专业的人来做，护理对象本身也会受很大的罪。就拿帮助老人坐起来这件小事来说，对于外行人来说无疑是个挑战。他们很有可能只会使用蛮力，甚至会因此而弄疼被看护的对象。

但如果交给兼具知识、经验和技术的专业人员来做的话，整个过程其实会非常顺利。所以请大家切记，如果把护理的工作交给家人来做的话，无疑对双方都会造成很大的心理负担。

当然每个人也都是有自尊心的。不管多大的年纪，甚至在患有老年痴呆的情况下，我们依然会试图在他人，尤其是熟人面前保持自己干净利落的良好形象和自然年轻的精神状态。从这个角度去想的话，也能证明请外人来的重要性。

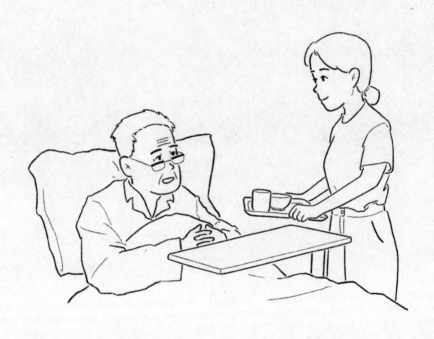

08

给护理人员和被护理人的建议：
看护这事儿随意一点就好

◇ 今后的时代，必然会变成一个60—70岁的老人照顾80—90岁的老人的"老老护理"时代。

◇ 对于那些正在照顾家中亲人的人来说，也请适当放松精神，稍微让自己轻松一些，尝试让更多的人参与进来，千万不要被那些传统观念所束缚，给自己徒增负担。

护理工作可不是短距离冲刺

在我与阿川佐和子共同编写的《观察的力量》一书中有写到，在自己家中照顾着自己年迈母亲的阿川女士表达了这样的观点：

◆ "看护工作是没有终点的，是一场持久战。"

◆ "能给自己打个 60 分就很满足了。"

◆ "一直深感愧疚。"

◆ "看护工作不应该是一场马拉松而应该是一场接力赛，应该让更多人的参与进来才对。"

阿川女士提到的这四点，对于那些照顾别人的人来说正是最为重要的心得。

与子女或是伴侣间的羁绊越是深厚，他们就越会惦记着报答这份感情，并且选择独自承担这一切。但是，这并不是长久之计。就像我们刚才聊过的，护理工作最好的选择还是应该去请专业人士，或者是外人来帮忙。

以此为前提的话，我真心希望对护理这件事也能变得不那么较真。

今后的时代，必然会变成一个60—70岁的老人照顾80—90岁的老人的"老老护理"时代。如果这种情况下还要对这件事过于较真，那必然会牵连到自己的生活。

对于那些正在照顾家中亲人的人来说，也请适当放松精神，稍微让自己轻松一些，尝试让更多的人参与进来，甚至时不时地把别人强拉进来都行。千万不要被那些传统观念所束缚，给自己徒增负担。

然后就是放下那些天真的幻想和期待，试着用适当的"不较真"的方式照顾自己的亲人。我觉得这应该算是解决今后"老老护理"时代矛盾的一种方法。

第五章　现在就请开始认真地思考

自己离去的方式

01

人总有一天会死的，
差不多可以开始认真准备了

◇ 我们总有一天都会迎来生命的终结。而毫无疑问的是，我们离那一天是越来越近的。所以我们不如为了一定会到来的那一天，早点开始做准备吧。

◇ 为自己准备遗像的过程，其实也是一个好好思考自己死亡的契机。

明天就有可能是我们的最后一天

　　大家觉得自己距离死亡有多远呢？

　　你曾经是否认真地思考过"自己总有一天也会死"这件事呢？毕竟对我们来说，只要还活在世上，"死亡"就是我们未曾体验过的东西。虽然我们也会从身边过世的人身上感受到死亡存在过的痕迹，或者通过书籍和电影的描绘对死亡存在一些想象，但是对于死亡真正的样子，我们确实没有办法了解。当然了，没法了解的事情不止这一件，我们也无从得知死亡什么时候会降临在自己身上。

　　我年轻的时候曾经在法国留学，三个月内经历了两次很重大的交通事故，并且都严重到随时有可能死亡的程度。那是我第一次意识到，死亡原来就在离我们那么近的地方。当然，同时我也感叹，人的生命可能也不是想象中的那么脆弱。

即便是经历了那么可怕的事故后，那种"人随时都有可能去世，没准就是今天"的想法带来的恐惧感也会在几天内消散。取而代之的是"我可真是太幸运了，人果然不会那么容易死掉的"这种轻松的想法。这样的转变连我自己都觉得不可思议。

但不论是我还是读者您，总有一天都会迎来生命的终结。而毫无疑问的是，我们离那一天是越来越近的。所以我们不如为了一定会到来的那一天，早点开始做准备吧。

先试试准备自己的遗像吧

葬礼必然是要展示出死者一生成就的仪式，理应把所有的事情都聚集在其中，就比如说遗像。有时候你会发现，有的人的遗像根本就是临时拍出来救场的，要不然就是用了久到根本认不出是谁的旧照片。要是说这种事情发生在走得比较匆忙的年轻人身上，倒也说得过去。但放在年纪大点的人身上来看，就显得多少有些准备不充分了。去世的人跟自己的年龄越是相近，自己就越容易产生一些复杂的感情并且带入自己身上："真是没想到人就这么不在了"。

一想到死亡不知道什么时候就会找上我们，提前准备好遗像这件事好像也不会有什么不妥了。可以去专门拍照的工作室好好拍几张，选出自己最喜欢的照片来做遗像，也是一件有趣的事。

当然也请尽量避免选用时间差太久的照片，不然朋友们可能会在葬礼上互相嘀咕："这家伙真是到最后也不忘记虚荣一把呢。"决定好自己的遗像之后，也请千万别忘了提前跟家里人嘱咐好。

像这样为自己准备遗像的过程，其实也是一个好好思考自己死亡的契机。说起来我也还没给自己准备好遗像呢，看来不抓紧点是不行了呀。

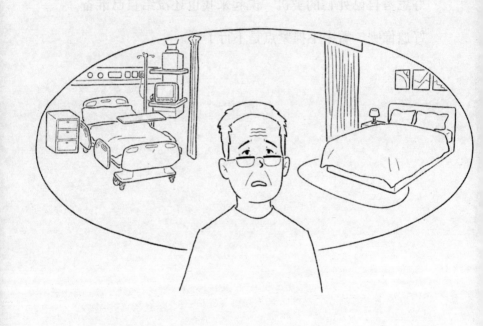

02

试着想象一下自己死去的场景吧

◇ 大家不妨试着为自己设计一份"死亡计划书"吧。

◇ 建议大家趁着还年轻，抱着轻松的心情，多去参观几个养老院。

◇ 尽可能地晚点入住养老院。在还有力气和能力自己生活的时候，尽自己所能过自己的生活。

想用什么样的方式离开这个世界呢？

请试想一下，假如我们活到了 100 岁，那么你最担心的事情会是什么呢？金钱？癌症？老年痴呆症？还是自己将在哪里，以什么方式离开这个世界呢？

恐怕最难想象，也最难面对和接受的就是自己死前的 2—3 年吧。但是如果狠下心来大胆一瞥，能看到的或许不只有对未来的担心，还可以尽量做好规划来丰富自己的晚年生活。

为此，大家不妨试着为自己设计一份"死亡计划书"吧。

请大家准备好纸和笔，按照以下顺序记录下自己的答案。

※ 回答的关键是要设想"最坏的情况"。

（1）请试想，自己能活到多少岁？（拿不定主意的读者可以设定在 85 岁。）

（2）届时家人的年龄是多少？会处于什么样的状态？

（3）那时候你过着怎么样的生活呢？生活状况如何？

（4）去世前 5 年（如 80—85 岁），你身体状况还好吗？

是否得了老年痴呆呢？

是否卧床不起了呢？

是否得了癌症一类的疾病呢？

是否能自主管理自己的生活呢？

（5）如果能够自己选择，你会住在哪里呢？

自己家

养老院

医院

（6）如果是在养老院或者医院的话，预计会花多少钱？花在什么地方上呢？

随着我们年龄的增长，这些问题的答案会逐渐变得清晰且具体，内容也可能会一点点地发生变化。就像这样把将来可能发生的事情想象并且记录下来，然后亲自去确认到那时自己的生活是否跟当年想象的一样。这样一来我觉得大家就能很清晰地知道那时的自己真正需要做的事情了。

趁着自己还精神的时候就决定自己要在哪里离开

好像很多人都希望自己能在家人的照顾下安详地死在熟悉的家中，而不是在医院或者养老院咽下最后一口气。

那么，我们不妨具体地想象下在家中度过人生最后时光的场景。虽然确实也有在睡梦中安详离开的例子，但大多数情况下，人们在最后的几个月里都没办法下床，而且必须要有人照顾才能完成正常起居。不仅如此，还很有可能会痰多、突发高烧、突然胸闷或者腹痛、突然失去意识或者大口吐血……家人们这时只会变得手足无措。

即便是配备了专属的家庭医生，也会出现到场不及时的情况。想必这时候大多数人的做法是赶紧叫救护车把老人送到医院吧。

这种时候，医院则有能力利用最先进的医疗技术尽全力延长病人的生命。毕竟所谓医院，无论患者年龄多大，拼命抢救病人的生命并且最大限度地延长病人的寿命就是他们的使命。而病人们最终还是通过自己最不情愿的方式保住了性命。

包括上面这个例子在内，那些希望能在自己家里，在家人们的照顾中离世的人，最终离开的方式很有可能跟他们想的不一样。

当然了，如果是考虑到了以上提到的种种可能会发生的情况后，依旧做出相同选择的人，也是非常值得尊敬的。

但是如果看了这些后能隐约感觉到，对家人们来说，或许请别人护理会是一个更好的选择的话，那么先考虑下，让自己最后的时光在医院或者养老院中度过如何呢？

相对地，如果感觉自己大限将至了，肯定会考虑到底哪家医院更好，哪家医院更适合自己这种问题吧。让人感到不可思议的一点是，一旦相中了自己将要离开的地方，心中的那种不安就会一下子烟消云散。

　　不管是租房还是买房，大家肯定都是要谨慎地观察挑选后再做决定吧。而选择自己死去的地方其实也是一样的过程。说起来，那些为老年人准备的地方到底是个什么样子呢？大家有去参观过吗？我其实建议大家趁着还年轻，抱着轻松的心情，多去参观几个养老院。这也算是已经做了第一步的准备了。

　　参观时有几个需要格外注意的地方。首先是场地、设施、费用。这些一定要亲自到场看一看，自己心里要有数，有任何不清楚不明白的地方一定要找负责人及时问清楚。

　　另一点就是要注意观察工作人员们的精神面貌和行为动作。其实在我看来这一点或许才是最重要的。

　　工作人员们会不自主地将自己的内心状态和对自

己工作的自豪感表现在工作时的表情和行为上。就比如公司 A 的员工们个个都神采奕奕、精神饱满，公司 B 的员工们每个人都疲惫不堪、双目无神，哪一个公司环境更好，自然不用我多说了吧。

试想如果员工们对工作的内容不满意，待遇方面也没能达到预期，那么他们最有可能把自己的不满和抱怨发泄到哪里呢？当然会是比他们还要弱小的人，也就是那些本应受到照顾的人身上了。所以说，不管到哪都要好好观察下工作人员的表情才行。

入住时机不能过早

既然我们已经参观完了养老院，跟家里人也商量完了，也最终决定了要去哪家，下一步就是搬进去住了。但是，我不建议大家在自己还健健康康的时候就搬进去住。

当然也有人因为心里的不安提前住进养老院，但是等到了需要配合工作人员工作的时候，就开始抱怨自己的不满，"要是能这样就好了""要是换成那个该多好"，逐渐在院内滋生并堆积负面的情绪。

因此我们养老院的工作人员每次遇到前来咨询的顾客时，如果得知老人的精神状态和身体状态都尚好，生活也还可以自理的话，会建议顾客在自己家中再试着生活一段时间。

所以我建议大家尽可能地晚点入住养老院。在还有力气和能力自己生活的时候，尽自己所能过自己的生活。

　　一旦有了这样的觉悟的话，对生活的态度也会变得积极起来。毕竟既然已经决定了总有一天要住进养老院，眼下的生活也会少了很多顾虑。

03

有能力照顾自己的话，可以更好地享受自己的老年生活

◇ "人这一生，除了死亡，还有更让人痛苦的事情。那就是用超过自己能力的方式延长自己的寿命。"

◇ 如果你能趁着自己还有精神和体力的时候，锻炼照顾自己的能力，那即使到了最后没办法自己做出决定，也可以坦然接受生命的终结。

跟欧洲老年人的一次相遇

　　1988 年，我曾和一起经营养老院的朋友一同前往欧洲的养老设施参观旅行。当时的经历给我带来了很大的震撼。

　　那里入住的人的平均年龄也超过了 80 岁，这一点上跟日本倒是差不多。但惊奇的是，不同于日本，这里居然基本没有老人用打点滴或者插鼻管的方式输入营养液。明明随着人的衰老，吃饭喝水这种事情会渐渐变得不方便才对呀……

　　欧洲的养老设施很注重老人们像原来一样通过口腔来进食和饮水。为此他们不惜在食物准备和提高食欲上下了很多功夫，尤其是针对那些口齿不灵便的老年人。不仅如此，工作人员也会陪在旁边一口一口喂老人吃饭喝水。

　　当然他们也向我们解释道，如果老人们在这样的辅助下也不能通过自己完成正常进食的话，他们也就不能再做其他更多的帮助了。换句话说，在日本普遍流行的点滴注射和鼻管输送这类延长生命的辅助形式他们是完全不会采用的。

　　说实话，我觉得如果一个人连将口中的食物和水吞咽的能力都没有了的话，那只能说明病人的生命力已经被消耗殆尽了吧。这一点应该是被世人公认的事实才对。

　　这种对死亡的定义，我觉得也应该作为今后的衡量标准之一。

怎么样才算"死亡"呢？

我有时会问周围的人："你觉得，人到了什么样的状态，就可以被看作是已经死掉了呢？"

"或许，是连吃饭喝水都做不到的时候。"

"可能是一分钱都没有的时候。"

"自己不能照顾自己生活的时候。"

"没办法自己去上厕所的时候。"

"虽然活着，但是整个人活在痛苦和羞愧中的时候。"

"不能给周围那么多人添麻烦的时候。"

"既没办法自己生活，又没有什么人可以依靠的时候。"

"没有意识，但是靠着呼吸机延长生命的时候。"

大家的回答各式各样，有的很具体，有的很模糊。虽然这些回答都只是从个人的角度出发的，如果换作你的话估计也是一样的吧。不妨试想，如果是站在家人的角度来回答这个问题，答案会是什么样的呢？

　　据说欧洲养老设施中的老年人们，如果到了连送入口中的食物和水都不能下咽的程度的话，之后即使感到饥饿和口渴也不会有所抱怨，只是像一棵枯萎的树那样静静地逝去。

　　从那以后我就跟家里人说，如果我哪天也变得像这样，没办法下咽了的话，我也不希望再做任何挣扎了。至于到时候到底会是什么样的感觉，我也无从得知。

　　在日本，人们习惯使用输液或者插各种辅助管的方式来帮助那些不能进食的人补充身体必需的营养。然而这种做法，与其说是为了患者本人，不如说是更多地站在了患者家人甚至旁人的角度来考虑的。哪怕是本人已经失去意识了，身边的其他人也要花上一些时间才能下定决心放手让患者离去。貌似西方人在这方面跟我们有一些不同呢。或许对我们来说，告别需要的时间要更长一些。

在我的医院里，如果碰到无法完成吞咽的病人，我们也会采用注射的方式，有时还会用到胃管。但我们也已经在逐渐减少这样的辅助措施了。如果是静脉注射的话，我们会将水分补充量设定在200—300毫升/天，如果使用胃管的话，每天限定的量也是一样的。希望病人能通过这种方式逐渐等待生命的结束，毫无痛苦地走向终点。

这样的方式，就仿佛是看着摇曳的烛光渐渐熄灭一般，给人一种庄重的感觉。不仅会有很多人会被这种告别时的庄重氛围而感动到落泪，这样的气氛还会给尚在人世的亲人一种不一样的感觉。这样的例子我也亲身经历了不少。

"人这一生，除了死亡，还有更让人痛苦的事情。那就是用超过自己能力的方式延长自己的寿命。"

　　这句话是我在访问欧洲期间，从一位老年医学专家口中听到的。由此我想到，要想让临终的人和其家人们毫无遗憾地互相告别的话，果然还是要考虑到民族和文化上的差异才行啊。

　　正如我们在这一章中所讲的，"准备好自己的遗像、决定好要在哪里走完生命的旅程、计划好自己死亡的方式"这是很重要的三件事。大家自己一定要对"什么是死亡"这个问题有自己的理解和认识。毕竟所有的这些，都会成为你思考自己临终之时的契机。如果你能趁着自己还有精神和体力的时候，锻炼照顾自己的能力，那即使到了最后没办法自己做出决定，也可以坦然接受生命的终结。

终　章

　　凡是生于这个世上的人们，无论寿命长短，终究会迎来离去的那一天。然而回顾历史，人们无时无刻不在为了长寿而努力着。如今，在日本出生的人有80%会活到80岁以上，已然成为世界上人口最长寿的国家之一。即便是在这个活到百岁都不足为奇的时代，人们仍然会惦记着长寿。

　　但是，活那么久究竟是为了什么呢？

　　如果能更长寿的话，确实能够亲眼见证科技的进步和时代的变迁。能看着自己的子孙后代成长也是一件幸事。也有一些人会说："好不容易都活到这个年龄了，不如再努努力，活到100岁好了。"或是："虽然也没什么想做的事情，但我还不想死。"

　　这么一看，好像人想要长寿也并不需要什么复杂的理由和动机。但另一方面，我们活得越久，就越难免遇到身边的朋友、伴侣、兄弟姐妹辈亲人先我们一步离去，甚至是孩子辈的人也有可能因为意外先离我们而去。要想长寿，也要做好这样的心理准备才行啊。

人生的下坡路比想象中的轻松

　　随着寿命的增长，身体的体力、精气神儿，还有其他各种机能都会开始每天走下坡路。逐渐就有很多事情是我们做不来的了。

　　但是，试试换个角度来看人生的下坡路吧。起码我们不用在外界的压力下不情愿地学习或者工作，也不会被人催着结婚生子。就我自己而言，我也不用再经历一次白手起家借着别人的钱开医院的事情了。

　　总之，还挺轻松的对不对？

　　如果自己想做的事情都能按照自己内心预期的程度发展，那真是再幸福不过的一件事情了。其实回头一想，当时奋斗的日子或许就是人生中最美好的时光之一。

　　所以我觉得，如果有自己想做的事情，一定要立刻就去做，不论前方有什么样的困难。因为没准今天还想做的事情明天就没那么有干劲儿了。没错，哪怕只是有一个想法一个苗头，也要坚持去思考、准备、行动，把当初的想法坚持下去。哪怕是在人生的下坡路上，也可以饶有兴致地安慰自己说："嘿，要是等我再老点儿，肯定做不来这种事了吧。"

这么看来即使人的寿命真的能被无限延长的话，也是很痛苦的，所以还是安心过日子吧。对于老年人来说，生命的终点可比起点近多了。人啊，总有一天都是会死去的。

我特别喜欢戴尔·卡内基在《人性的优点》这本书中写的一句话："你所担心的事情99%都不会发生，而剩下的那1%即使发生了，也必然会有办法解决。"虽然可能记得不是很准确，但大概就是这个意思吧（笑）。随着年龄的增加，我自己也逐渐意识到了这一点。

与其担心那些不会发生的事情，不如放松心情，享受当下。这也就是"不较真的老年生活"所想传达给读者们的意思。如果大家都能用这种心态面对生活，我猜，等着大家的会是幸福安宁的老年生活，而不是忙碌奔波于日常琐事的老年生活。

最后，我想对 PHP 编辑组的绵女士以及负责编写本书的田中美保女士表达我最诚挚的谢意。田中女士同时也参与了我和阿川佐和子女士共同编著的另一本书——《观察的力量》。

认识田中女士并和她一起工作，大概是用尽了我这辈子的全部运气吧（笑）。田中女士曾经为了满足我一些比较任性的要求（没错，老小孩儿就是我），连续工作了 48 个小时并且还感冒了，但还是陪着我坚持了下来。然后是绵女士，语气平静温柔的同时，又能清楚地表达作为一个编辑的意见和看法，一点一点耐心地指导我。

多亏了这两位优秀女性的帮助，我才能最终完成这本书，谢谢二位！

大塚宣夫